情報発信やPRに！

インスタグラム [第2版]

Instagram 完全マニュアル

八木重和 著

LIVE

24h

秀和システム

■本書の編集にあたり、下記のソフトウェアを使用しました

・Windows 11
・iOS 16

上記以外のバージョンやエディション、OSをお使いの場合、画面のバーやボタンなどのイメージが本書の画面イメージと異なることがあります。

■注意

本書の使い方

このSECTIONの機能について「こんな時に役立つ」といった活用のヒントや、知っておくと操作しやすくなるポイントを紹介しています。

このSECTIONの目的です。

このSECTIONでポイントになる機能や操作などの用語です。

SECTION

06-03

Keyword：作成/投稿

ストーリーズを追加で投稿する

ストーリーズの投稿は100まで追加できる

ストーリーズは、すでに投稿があっても追加もできます。100を超えると古いものから削除されますが、現実的には100も投稿する機会はめったにありませんので、制限を考える必要はなく、思いついたときに手軽に投稿しましょう。

さらにストーリーズを投稿する

1 ストーリーズのアイコンを長押しする。

1 長押し

2「ストーリーズに追加」をタップして、ストーリーズを作成し、投稿する。

1 タップ

ストーリーズに追加

親しい友達リストを編集

キャンセル

Hint

再生画面から追加する

ストーリーズの再生画面で、左上のアイコンをタップするとストーリーズを追加できます。

Check

アイコンで見分ける

すでにストーリーズに投稿がある場合、アイコンに縁取りが付きます。

06

24時間公開の「ストーリーズ」を効果的に使う

127

用語の意味やサービス内容の説明をしたり、操作時の注意などを説明しています。

- **! Check**：操作する際に知っておきたいことや注意点などを補足しています。
- **Hint**：より活用するための方法や、知っておくと便利な使い方を解説しています。
- **Note**：用語説明など、より理解を深めるための説明です。

操作の方法を、ステップバイステップで図解しています。

はじめに

　今、SNS（ソーシャルネットワークサービス）は、世界中の多くの人が利用し、広大な情報の泉となっています。「Instagram」（インスタグラム）もその1つ。略称の「インスタ」という言葉は、本書を手に取っていただいた方は、きっと聞いたことがあるでしょう。また「インスタ映え」という言葉を耳にするようになって久しく、世代を問わず興味の対象になっています。

　インスタは、現代生活の片腕となっているスマホと密接な関係があります。スマホで撮った写真や動画を公開して、世界中の人たちで楽しむ。そこにインスタならではの手軽さや身近さがあり、手のひらのスマホが世界的ネットワークの入口になっていると言っても過言ではありません。

　そんな「インスタ」は、写真を掲載するSNSとして2010年に登場しました。写真ありきのSNSという新しい発想は、ケータイやスマホに必ずカメラが付いている時代だからこそ生まれたもので、昔からあった「友だちや家族で写真を見せ合う楽しさ」をインターネットで再現しています。そして今では有名人が情報を発信し、企業のイメージ戦略にも活用され、インスタで注目を集めることがブランドイメージづくりにも結び付いています。さらにごく普通の学生や社会人が「インフルエンサー」としてトレンドを築く、これまでにない流行のカタチも広がっています。

　一方で、自分もインスタに投稿してみたいと思いながらも、自分の写真を撮って載せることに抵抗を感じ、踏み出せない人も少なくないようです。前述のような有名人やインフルエンサーが使うインスタのイメージから、「インスタ＝自撮り」の印象が強いのも事実です。

　しかしインスタに映える素材は「自分自身」だけではありません。景色でも料理でも動物でも、身の回りには撮って載せたくなる素材がたくさんあり、本書でも「自撮りなし」でインスタを楽しめるように構成しています。その手法は商品を販売する、宣伝する、広めるといったビジネスやインフルエンサーの活動にもつながる可能性を持つはずです。

　本書をきっかけにインスタをはじめて、日々のアルバムに、友だちとの交流に、あるいはビジネスに、それぞれの目的や楽しみ方を見つけていただき、インスタを活用する一助となれば幸いです。

2023年2月

八木重和

プロフィール画面で3列に並べて大きな画像を表示する「グリッド投稿」など、写真そのもの以外にも、目を引くためのテクニックがある。

90秒以内の短い動画に音楽を付けて投稿する「リール」は、SNSの「TikTok」に近い機能。映像に効果を付けたり、他のリールと合成することもできる。

Instagramは写真や動画を投稿するSNS。写真や映像の魅力は言葉の壁を越えて伝わるため、海外のユーザーからも「いいね！」が付いたり、フォローされることもある。

24時間だけフォロワーに投稿を表示する「ストーリーズ」。写真または短い動画を投稿できる。「気軽に今を伝えたい」といった用途に向いている。

目　次

「Instagram」は
どんなSNS？

「Instagram」（インスタグラム）を見たことがない人でも「イン
スタ映え」という言葉はどこかで聞いたことがあるかもしれま
せん。「インスタ」とは「Instagram」のこと。写真や動画で楽
しむSNSです。

SNSはインターネットで交流できる場所で、TwitterやFaceb
ookもSNSの仲間です。その中でInstagramには「文字だけの
投稿」が基本的に存在せず、写真や動画の投稿から交流が広が
る特徴があります。

01-01

「Instagram」は写真や動画の投稿を積み重ねる SNS

文章だけの投稿はできない点が他のSNSと大きく違う

代表的なSNS(ソーシャルネットワークサービス)を挙げれば、TwitterやFacebookなどがあり、その中の1つがInstagram(インスタグラム)です。その最大の特徴は「写真や動画を載せる」ことで、他のSNSと同じように投稿がきっかけでコミュニケーションが広がっていきます。

最大の特徴は「写真」や「動画」を載せること

　Instagram(インスタグラム)は、写真や動画を手軽に投稿し、コミュニケーションを広げられるSNSです。

　Instant(インスタント＝すぐに、手軽に)をイメージさせるように、手軽に発信できることが1つの特徴です。また「gram」はTelegram(電報)やPhotogram(写真作品)などさまざまな「書いたもの、作ったもの」によく使われるフレーズで、Instagramからは「手軽に作品を投稿できる」という意味が伝わってきます。

　Instagramでは必ずといっていいほど「写真」や「動画」を投稿します。これがInstagram最大の特徴とも言えるでしょう。言い換えると、他のSNSのように、文章だけ入力して投稿することはできません。そしてこれがInstagramの最大の魅力です。

　はじめは「どのような写真を載せればいいのか」わからないかもしれません。また、はじめのうちは何気なく撮った写真を載せてもあまり魅力を感じないかもしれません。しかし何枚か投稿し、それを積み重ねて、まとまってくると1つの作品に見えてきます。Instagramの画面では、他のSNSにあるような投稿が下に流れる表示とは別に、過去に自分が投稿した写真がタイル状に並ぶ表示があります。これを見れば、過去に投稿した写真がまとまってアルバムとなり、作品となり、ストーリーが見えてくるはずです。

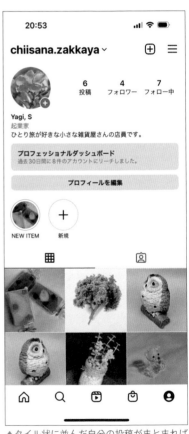

▲タイル状に並んだ自分の投稿がまとまれば1つの作品となる。

フォローや「いいね！」で広がる輪

　Instagramでも、他のSNSにあるような「フォロー」や「いいね！」があります。細かい仕様はそれぞれのSNSで多少異なりますが、Instagramの「フォロー」や「いいね！」も同じものと考えて構いません。

　興味のある写真を掲載しているユーザーを見つけたらフォローする、あるいは自分の写真に興味を持って継続して見ようと思ったユーザーがいたらフォローされ、自分にフォロワーが増える。また、もっと手軽に「いい写真」には「いいね！」を付ける。こんなことからコミュニケーションが広がります。

　さらに投稿にはコメントを付けたり、そのコメントに返信したりと、コミュニケーションを広げる方法は他のSNSとまったく同じです。ただInstagramでは、ほぼすべて「写真」という1つの作品をきっかけにしていることが、他のSNSとは大きく違うところです。

▲「フォロー」や「いいね！」でコミュニケーションが広がるのは多くのSNSで共通。Instagramが特別違うことはない。

01-02

流行の発信地となるInstagram

「インフルエンサー」も生まれる「インスタ」

Instagramは「インスタ」とも呼ばれ、すでに多くの人が使うSNSの一角を成しています。中には数十万〜数百万のフォロワーがいて、流行の発信地になっている「インフルエンサー」も存在します。

流行のSNSは流行の発信地でもある

Instagramは現在、多くの人が普段から使っているSNSの1つになっています。最もメジャーなSNSの1つと言えるでしょう。他にはTwitterやFacebookなどが有名ですが、Instagramも同じくらいによく知られ、使われています。

Instagramは「インスタ」と呼ばれることが多く、「インスタ映え」という言葉は流行語にもなったほどで、誰でも一度は聞いたことがあるでしょう。見映えよく、人の目をひくような風景や情景、あるいはそれを撮影した写真などを指して「インスタ映え」と言っています。

Instagramは写真の投稿があるからこそ「映える」ことができます。文章だけで「映える」ことは不可能です。そんなことからもInstagramは今、流行の発信地になっています。

たとえばInstagramで注目を浴びた「映える写真を撮れる場所」が人気になり多くの人が訪れる名所となったり、美味しそうに撮影された食事の写真が注目を浴び、その飲食店が有名になったり、Instagramがきっかけではじまった流行は今まででも数えきれません。

それらの多くは「何気ない1枚」からはじまっており、もしかしたらあなたが投稿した1枚がきっかけで、流行を発信する源になることだって考えられるのです。

▲「インスタ映え」を前提とした撮影スポットも各地に存在する。

企業やインフルエンサーによる発信

ある1枚の写真がきっかけで流行がはじまる——

そんな現象を企業が見逃すはずがなく、Instagramは企業の宣伝やイメージ戦略にも利用されています。その際は、企業が自身のアカウントを持ち、自社の広告や商品の写真、イメージ写真などを掲載して広める方法もありますが、しばしば登場するのが、「インフルエンサー」と呼ばれる人物です。

「インフルエンサー」は流行を生み出す人物のことで、たとえばインフルエンサーが紹介した商品がヒットする、といった具合です。

これまでは、洋服の宣伝であればモデルが着る、食事のメニューの宣伝であればタレントが実食してリポートするといった方法が一般的でしたが、インフルエンサーはモデルやタレントなどの有名人とは限りません。ごく普通の学生や会社員の投稿が注目され、多くのフォロワーを集め、インフルエンサーとして存在しています。それは誰でもインフルエンサーになれる可能性を意味しています。

Instagramは写真を投稿してコミュニケーションを楽しむSNSですが、同時に新しい流行の発信地として、注目されている新しいメディアでもあるのです。

「Instagram」はどんなSNS？

▲「インフルエンサー」で検索するとさまざまな投稿が見つかる。特別なものではなく、はじめは「ごく普通の投稿」がきっかけになることも。

▲企業アカウントが公式に情報を発信しているアカウントも多数ある。Instagramは今の時代に欠かせない広告ツールでもある。

01-03

ビジネスでも注目のInstagram

企業イメージや商品についての情報発信地としても活用

Instagramは企業にとっても注目のツールです。今や流行の発信地となったInstagramを活用して、企業のイメージ戦略や商品のアピールなどが活発に行われています。Instagramをショーケースのように利用し、ショップを展開している例も多く見られます。

企業PRやトレンドの創出

　Instagramは多くの企業にも注目されています。実際にアカウントを取得し、発信している企業は数多く、企業自身や商品のPRに活用しています。

　特にBtoC（個人の消費者に向けて商品を販売しているようなビジネス形態）の企業では、今は公式SNSアカウントを持ち、ユーザーに向けて情報をダイレクトに発信することが必須にもなっています。その1つにInstagramが活用され、たとえば商品の写真を掲載し、PRにつなげる活動が活発に行われています。

　また、インフルエンサーと呼ばれる市場に影響力を持つユーザーと手を組み、トレンドを生み出すようなマーケティング戦略も多く存在しています。

　企業にとってこの新しいマーケティング手法は多くのメリットがあります。これまでならタレントを起用したテレビCMを打ち出し、街中に広告を掲出するといった、数千万〜数億の広告費をかけて行っていたマーケティング戦略が、Instagramを起点にすることで、非常に安価に大きな効果を得られることもあり、コスト面での大きなメリットがあります。また、リアルタイムで拡散していくスピード感も、SNSを利用することのメリットと言えるでしょう。

　SNSを利用した企業PRは、これからもさまざまな場面で活用されていくことに疑いはありません。

Instagramでできること

「写真や動画の投稿」からはじまるコミュニケーション

Instagramでできることは多くのSNSと共通点があります。1つの投稿をきっかけに、「いいね！」や「フォロー」、「コメント」を通じてコミュニケーションが広がります。はじめは友人知人との交流から、続けていくうちに少しずつ範囲が広がっていくことを感じられるでしょう。

他のSNSと共通のコミュニケーション方法

　InstagramはSNSの1つです。SNSはどれも、投稿をきっかけにコミュニケーションが広がることが共通で、Instagramも例外ではありません。

　また今、SNSを利用しているユーザーが「当たり前」のように使っている「フォロー」や「いいね！」といった機能もInstagramにあり、SNSを使い慣れている人であれば、違和感なくコミュニケーションを広げられます。

　その中でInstagramの特徴は、「写真や動画の投稿からはじまる」ことです。文章を中心に「読む」ことからコミュニケーションを広げるSNSに対して、Instagramは写真や動画といったビジュアルコンテンツを「観る」ことからコミュニケーションを広げるという特徴があります。

　写真を1枚投稿することから「いいね！」が付き、コメントが付き、あるいは自分が他のユーザーの写真に「いいね！」を付けてフォローする……そんな今どきのSNSで当たり前のようになったコミュニケーションが、Instagramにもあります。

01

「Instagram」はどんなSNS？

Instagramで発信する

写真や動画を使うさまざまな発信方法

Instagramは「写真を投稿する」というイメージがありますが、実際には、写真の他にもいろいろな発信方法があります。それぞれの特徴があり、目的によって使い分けて、より広く深く楽しむことができます。

Instagramの主な発信方法「写真・動画」

　Instagramの基本となるのは「写真や動画を投稿する」ことです。写真に限らず動画の投稿も可能です。また、写真もスマホカメラで撮影した写真だけではなく、デジカメで撮影したもの、自分で描いたイラストなど、画像データであれば種類を問わず投稿できます。
　投稿した写真や動画は公開され、コメントや「いいね！」で交流を広げることができます。また投稿は自分のプロフィールページに蓄積されていくので、アルバムを作り上げていくような感覚で楽しめます。

ストーリーズ

　「ストーリーズ」は、15秒程度の短い時間の動画や画像を24時間だけ公開します。24時間過ぎると公開されなくなるので、「残すほどではないけれど、今を伝えたい」といった目的で利用できます。また自分のフォロワーを中心に公開されるため（限定公開ではありませんが、第三者からは現実的に見つけにくい仕組みになっています）、ごく近い関係の人との交流にも便利です。

ライブ

　その名のとおり、ライブ配信をします。スマホのカメラを使ってリアルタイムの映像を公開、中継することができます。スマホのインカメラ（表側のカメラ）を使えば自分の姿を映し出し、アウトカメラ（裏側のカメラ）を使えば、自分の目の前に起きていることを映し伝えることができます。これまで専門的な機材が必要だった「中継」を、誰でも手軽にできます。

リール

　「リール」は2020年に追加された機能で、90秒以内の短い動画を公開します。「ストーリーズ」では24時間限定でしたが、「リール」に公開時間の限定はありません。また、全世界に向けて公開されることも特徴です。さらに「リール」では、BGMやAR技術を使ったユニークな動画を簡単に作れます。「TikTok」に似ていると考えればよいでしょう。

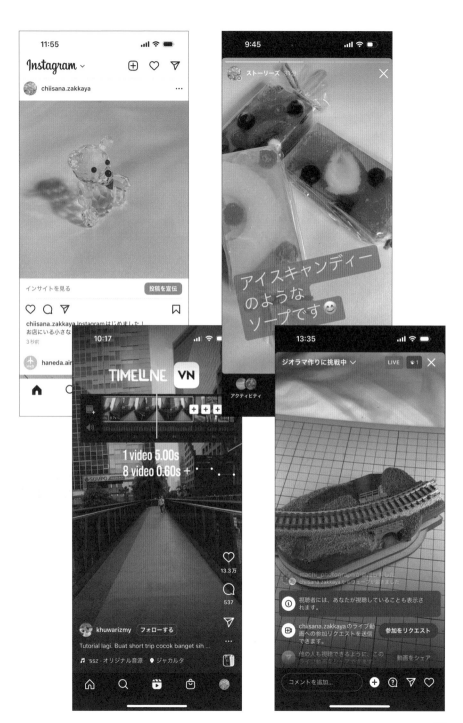

01-06

Instagramでコミュニケーションを広げる

まずは「フォロワー」を増やすことがミッションになる

Instagramでも他のSNSと同じようなコミュニケーションがあります。その中で重要とされるのは「フォロワー」の数で、これも他のSNSと同様です。まずはフォロワーを増やすことを目指します。

コミュニケーションの対象は全世界

　SNSでのコミュニケーションは、「いいね！」や「フォロー」、「コメント」が一般的ですが、Instagramでも同じようにこの3つが基本となります。投稿した写真に「いいね！」が付けば嬉しいですし、興味のあるユーザーをフォローしたり、自分をフォローしてくれるフォロワーが現れたりすれば、つながりが広がります。また「コメント」では言葉のコミュニケーションが取れ、お互いの意思が伝わります。

　このようなコミュニケーションは他のSNSと同じですが、Instagramの特徴は比較的、世界中が対象になることです。実際に投稿が増えてくると、海外からの「いいね！」や「フォロー」が現れるようになります。理由はInstagramの投稿が「写真」だからに他なりません。文章はその言語圏でしか通用しませんが、写真の魅力はどの国でも伝わります。海外のユーザーからコメントが届いて、翻訳アプリを使うなどして返信すれば、つながりの幅の広さを実感することでしょう。

　Instagramでは、いつも「相手は全世界」と思いながら投稿してみると、より楽しめるはずです。

▲有名人でもない限り、フォロワーがいきなり増えることはない。こまめに投稿することで少しずつ人目に触れ、増えていく。

▲海外ユーザーからのフォローは、写真に言葉の壁がないことがわかる。

今からでも遅くない

まだまだ注目が続く Instagram

Instagramはアプリがアメリカで2010年にはじめて公開され、日本語の対応は2014年でした。登場から10数年しか経っておらず、現在も時代や流行に合わせた新しい機能が増え続けており、まだまだ発展途中のSNSとも言えます。

本格的な流行は2017年から

Instagramは誕生からまだ10数年のSNSです。Facebookも同時期で、Twitterはそのおよそ4年前 (2006年) にスタートしています。

10年を超えたと聞くと長い歴史があるように見えますが、刻々と変わる世界情勢や、日進月歩の技術革新にとってみれば、これからもまだまだ発展を続けるソーシャルメディアと考えられます。

特に日本でのInstagramは、2017年に流行語ともなった「インスタ映え」をきっかけに爆発的に広まり、ユーザーが増加しました。つまり、実質的にはまだ広まって数年程度とも言えるでしょう。

またソーシャルメディアでは、従来のメディアのように、特定のメディアが発展すると後発がなかなか注目を浴びないといったことはありません。「何気ないきっかけ」から突然ヒット商品が生まれるように、ある時突然、誰もが知るインフルエンサーになるようなユーザーも常に表れています。

Instagramは、個人として楽しむことも、企業としてシェアを狙うことも、まだまだチャンスのあるソーシャルメディアです。

もちろん、頂点を目指さないといけないわけではありませんので、気軽に普段の写真を記録していったり、友達とのつながりや会話を楽しんだりする、そんな気楽な使い方もできます。ユーザーによってそれぞれの使い方や目標を幅広く受け入れられるのはSNS共通の特徴で、Instagramも例外ではありません。

▲インスタにはその瞬間にも無数の投稿があり、ユーザーも増え、交流が広がっている。

01-08

Instagramを使う場面や目的

個人のアルバムから企業広告まで

Instagramの使い方は人それぞれです。特に決められたことはありませんので、自由な発想で楽しめます。個人が気軽に楽しむことも、企業が戦略的に利用することもできます。

Instagramを使う主な目的

Instagramを使う目的は何でしょうか。特に決められたルールはありません。いわば自由です。もちろん犯罪につながるような利用や公序良俗に反するような内容は禁止ですが、常識の範囲では制限なく、自由に利用できます。

いろいろな目的を考えてみましょう。

・自分がスマホで撮影した写真の保存場所として
・自分の行動を記録したアルバムとして
・友達との思い出のアルバムとして
・自分の趣味の発表の場として
・世界中のユーザーとのつながりを楽しむ場所として
・プロを目指すための作品づくりの場として
・プロとしての作品発表の場として

手軽な使い方から、本格的な活用まで、無限に考えられます。また、企業が使う場合でも、いろいろな活用法が考えられます。

・企業の公式サイトとして
・企業のイメージをPRする場所として
・企業の商品を広める広告の場として
・企業の活動記録を発表する場として
・企業どうしのつながりを強化するツールとして
・企業どうしのつながりで業界を盛り上げるツールとして

Instagramは、個人でも企業でも、さまざまな活用ができます。もちろん他のSNSでも同じような活動ができますが、Instagramの場合は何といっても「写真」（あるいは「映像」）が中心になることで、よりビジュアルで訴求する拡散が期待できることです。文字で説明するよりも、写真でパッと見て気づかせる。そんな効果があります。

また、他のSNSと組み合わせることも効果的です。普段何気なく思ったことはTwitterにつぶやき、スマホで撮影した写真はInstagramに残していく。相互にリンクすることもできるので、目的による「使い分け」ができます。

企業であれば商品の写真をInstagramに掲載し、文字での情報はTwitterで補足する、そんな上手な使い分けで、より大きな効果を生むでしょう。

▲多くは個人が得意とすることや趣味、あるいは日々の記録として投稿している。

▲企業はInstagramをPRに使ったり、ユーザーに向けた情報発信の場所として使ったり、あるいは具体的なビジネスの場としても利用している。

01-09

Instagramをはじめるのに必要なもの

スマホだけあればはじめられる

Instagramで必要なものは、最低限スマホ1台です。特別な機材を用意しなくても、誰でも手軽にはじめることができますし、スマホのアプリを使ってプロ並みの作品を作り投稿しているユーザーも多くいます。

まずはスマホ1台ではじめてみよう

Instagramに必要なものは、スマホ1台です。スマホにInstagramのアプリをインストールしたら、カメラで撮影し、投稿するだけです。Instagramのアプリは無料なので、今スマホを使っている人であれば、費用の追加はありません。もちろんInstagramのアカウントを取得し、利用することも無料です。

もしかしたら、ミラーレスデジタルカメラなどで撮影し、パソコンの写真加工アプリを使い、本格的できれいな写真を投稿したいと思うかもしれません。もちろんそれは、より高度なテクニックとして役立ちます。

ただ、最近のスマホのカメラは高性能です。場面によってはミラーレスデジタルカメラで難しい設定をしてやっと撮影できるものも、スマホのカメラならただシャッターボタンをタップするだけできれいに撮影してくれます。写真の加工も、無料〜廉価なスマホアプリがたくさんあります。これらを使いこなせば、十分に本格的できれいな写真を仕上げられます。

実際に、著名なインフルエンサーでもスマホ1台でカメラアプリ、写真加工アプリを駆使して投稿している人がたくさんいます。

「さらに本格的に」撮影するためにあると便利という機材はいろいろあります。ただまずはスマホ1台からはじめてみましょう。Instagramを手軽に利用し、思い立ったら投稿するといった、気軽な使い方からはじめることをおすすめします。

Instagramはスマホで撮影した写真や動画を直接▶
選んで投稿できる。Instagramアプリにもカメラ
機能が搭載されていて、簡単な加工もできる。

Instagram を
はじめる準備をする

Instagram を始めるために、アプリのインストールとアカウントの作成を行います。もちろんアプリの利用もアカウントの作成も無料で、費用はかかりません。また、Instagram はスマホで使うことが前提となっています。パソコンで使うことは考えられていませんので、スマホを用意してください。

アカウントを作成したら、自分のプロフィールを入力します。Instagram を使うための基本的な準備はこれだけです。

02-01

アプリをインストールする

Instagramはスマホアプリで使うのが基本

Instagramは基本的にスマホアプリで利用します。ブラウザーアプリやパソコンでも利用できますが、ほとんどのユーザーはスマホで利用しています。まずはアプリをダウンロードし、スマホにインストールしましょう。

アプリストアからインストールする

1 「AppStore」をタップ。

2 「検索」をタップ。

3 検索ボックスをタップ。

⚠️ Check

**Androidは「Google Play」から
ダウンロード**

Androidスマホでは、「Google Play（Playストア）」からダウンロードします。

4 「Instagram」と入力し、表示された候補から「Instagram」をタップ。

1 入力

15:04

Q insta ⊗ キャンセル

Q instagram

Q insta360

Q instagram フォロワーチェック **2 タップ**

Q instax

👤 instagram, inc.（デベロッパ）

📱 instagram（Watch App）

Q instagram 保存

Q insta チェック

Q instant

Q instagram りぽすと

🏓 Hint

キーワードは一部分だけでも検索できる

検索キーワードは一部分を入力するだけで候補が表示されます。また、Instagramは有名なアプリなので、「インスタ」のようにカタカナで入力しても検索できます。

---

5 「入手」をタップ。

15:05

Q instagram ⊗ キャンセル

1 タップ

Instagram
写真／ビデオ
★★★★☆ 320万 入手

TikTok ティックトック
きみが次に好きなもの。

---

6 「インストール」をタップ。

TikTok

App Store ✕

Instagram 12+
Instagram, Inc.
App内課金が有ります

アカウント: yagi@a-pop.com

インストール **1 タップ**

⚠ Check

サインインが必要

アプリストアにサインイン（ログイン）していない場合は、サインインします。またiPhoneではインストールの確認に指紋認証や顔認証が必要になることもあります。

---

7 インストールが完了すると「開く」と表示される。

15:06

Q instagram ⊗ キャンセル

1 確認

Instagram
写真／ビデオ
★★★★☆ 320万 開く

TikTok ティックトック
きみが次に好きなもの。

02-02

アカウントを作成する

電話番号でも登録できるが、メールアドレスのほうがおすすめ

アカウントはメールアドレスまたは電話番号があれば作成できますが、電話番号が変わる可能性や複数アカウントの作成（SECTION11-16）なども考慮し、メールアドレスで登録しておくようにします。

Instagramに新規登録する

1 アプリのアイコンをタップ。

2 「新しいアカウントを作成」をタップ。

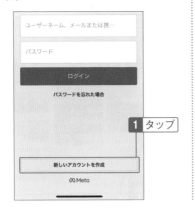

3 「メールアドレスで登録」をタップ。

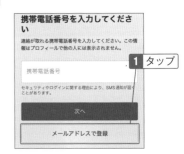

🔔 Hint

メールアドレスでの登録が便利

　Instagramでは1人で複数のアカウントを持てます。しかし1つのアカウントに対して1つの電話番号または1つのメールアドレスを使います。もし将来的に複数のアカウントを使いたくなったときに、メールアドレスで登録しておけばGmailなどで簡単に複数のメールアドレスを作り対応できます。

4 メールアドレスを入力し、「次へ」をタップ。

5 メールアプリを開いてメールを確認し、認証コードを確認。

1 確認

6 Instagramアプリを開き、認証コードを入力。

1 入力

7 名前を入力し、「次へ」をタップ。

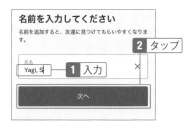

2 タップ

1 入力

8 パスワードを入力し、「次へ」をタップ。

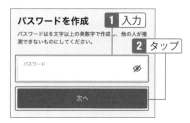

1 入力

2 タップ

9 「保存」をタップ。

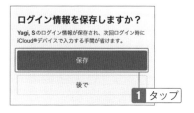

1 タップ

10 誕生日を入力し、「次へ」をタップ。

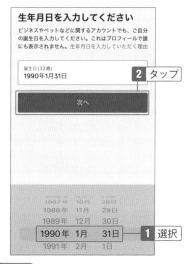

2 タップ

1 選択

11 ユーザーネームを入力し、「次へ」をタップ。

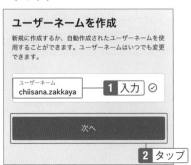

ユーザーネームを作成

新規に作成するか、自動作成されたユーザーネームを使用することができます。ユーザーネームはいつでも変更できます。

ユーザーネーム
chiisana.zakkaya ── **1 入力** ⊘

次へ

2 タップ

⚠ Check

ユーザーネームはわかりやすいものに変更する

　ユーザーネームはIDのようなもので、簡単に自分のアドレスを教えるときなどに役立ちます。そのため、「投稿する写真のテーマ」や自分らしい「作品集タイトル」のような、できるだけわかりやすい名前に変更しておきましょう。

⚠ Check

重複するユーザーネームは使えない

　入力したユーザーネームがすでに使用されている場合、エラーとなりますので新しいユーザーネームを入力します。

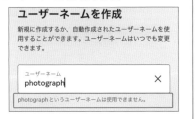

ユーザーネームを作成

新規に作成するか、自動作成されたユーザーネームを使用することができます。ユーザーネームはいつでも変更できます。

ユーザーネーム
photograph ✕

photograph というユーザーネームは使用できません。

12 「同意する」をタップ。

Instagramの利用規約とポリシーに同意する

1 タップ

サービスの利用者があなたの連絡先情報を Instagram
に、改善などに利用　　　　れます。詳しくはこちら
す。

同意する

13 「スキップ」をタップ。

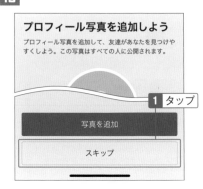

プロフィール写真を追加しよう

プロフィール写真を追加して、友達があなたを見つけやすくしよう。この写真はすべての人に公開されます。

1 タップ

写真を追加

スキップ

14 登録が完了する。続いて友達やフォローの設定に進む。

9:09

Instagram

Instagramへようこそ！
chiisana.zakkaya

エクスペリエンスのカスタマイズを始めましょう

15 「スキップ」をタップ。スキップするかどうか確認するメッセージが表示されるので、再度「スキップ」をタップ。

Facebookの友達を検索

誰をフォローするかは自分で決められます。また、あなたの許可なしにコンテンツがFacebookに投稿されることはありません。

友達を検索

スキップ ── **1 タップ**

16 「スキップ」をタップ。スキップする
かどうか確認するメッセージが表示
されるので、再度「スキップ」をタッ
プ。

連絡先を検索

Instagramを使っている友達を見つけてフォローしましょう。

連絡先は定期的に同期され、安全なサーバー上に保管されます。後で連絡先の情報を削除したくなった場合は、[設定]から連絡先の同期を解除してください。詳しくはこちら

連絡先を検索

スキップ **1** タップ

⚠️ **Check**

写真は後から登録する

アイコンになる写真は後から登録します。
ここでは登録しないまま進めましょう。

---

17 「次へ」をタップ。

9:09

フォローする人を見つける 次へ

instagram ✓
Instagram
instagram公式
アカウント
フォローする **1** タップ

ruben_onsu ✓
Ruben Onsu
Instagram のおすすめ
フォローする ✕

louisepentland ✓
Louise Pentland :...
Instagram のおすすめ
フォローする ✕

therock ✓
Dwayne Johnson
Instagram のおすすめ
フォローする ✕

laurenjauregui ✓
Lauren Jauregui
Instagram のおすすめ
フォローする ✕

hegdepooja ✓

---

18 アカウントの登録が完了する。

9:10

Instagram ⊕ ♡ ✈

ストーリーズ

Instagramへようこそ

誰かをフォローすると、その人が投稿した写真や動画が表示されるようになります。

✕

---

19 「アカウント」をタップすると名前や
ユーザーネームが表示される。

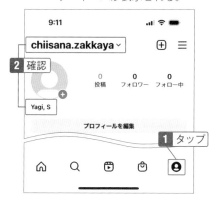

9:11

chiisana.zakkaya ⌄ ⊕ ≡

2 確認

0 0 0
投稿 フォロワー フォロー中

Yagi, S

プロフィールを編集

⌂ 🔍 🎬 🛍 👤

1 タップ

💡 **Hint**

「非公開アカウント」にする

通常のアカウントでは投稿が公開されますが、「非公開アカウント」にすると承認したユーザーだけが投稿を見られるようになり、仲間内だけで楽しむときなどに利用できます。

15:32

< プライバシー

アカウントのプライバシー設定

🔒 非公開アカウント

インタラクション

▲設定画面（SECTION06-13）の「プライバシー」で「非公開アカウント」をオンにする。

02-03

プロフィールを確認する

今後フォロワーを増やしていくためにじっくり考えよう

Instagramではプロフィールの情報はとてもシンプルですが、この先フォロワーを増やすために重要な項目です。はじめに今のプロフィールを確認し、どのように充実させていくか考えます。

プロフィール画面を表示する

1 アカウントのアイコンをタップし、「プロフィールを編集」をタップ。

2 プロフィールに登録されている内容が表示される。確認したら「完了」をタップ。

⚠ **Check**

アバターの設定

「アバターを追加」が表示されたら「後で」をタップします。アバターは自分をイメージしたイラストですが、プロフィールに写真を使う場合、設定は不要です。

⚠ **Check**

ユーザーネームは変えないつもりで決める

プロフィール編集画面を見ればわかるとおり、アカウントの設定で決めたユーザーネームをあとから変更することができます。しかしユーザーネームは自分が友だちなどにInstagramのURLを教えるときなどに使える重要な情報なので、特に理由がない限り、一度決めたら変えないようにしましょう。

⚠ **Check**

画面やメニューについて

ここでは執筆時点の画面で解説していますので、アップデートにより画面やメニューなどが異なる場合があります。

02-04

自己紹介を登録する

160文字以内で自分をアピール。まずはひとこと書いてみよう

自己紹介は自分の活動や趣味などを紹介し知ってもらう場所ですが、上限160文字とわずかです。いきなり上手に書くのは難しいので、はじめにひとこと書いて、投稿が増えてきたら内容を見直します。

プロフィールに自己紹介を追加する

1 プロフィールの編集画面（SECTION02-03参照）で「自己紹介」をタップ。

⚠ Check

自己紹介は160文字

自己紹介に入力できる文字数は160文字までです。その中でいかに多くの情報をわかりやすく詰め込むかを工夫します。慣れてきたら他のユーザーの自己紹介を参考にしてもよいでしょう。

3 名前の下に自己紹介が表示される。

2 自己紹介を入力し、「完了」をタップすると、自己紹介が更新される。

02-05

プロフィールの写真を登録する

写真は自分の顔でなくても OK。自由に個性をアピールしよう

プロフィールの写真は必ずしも自分の顔でなくても問題ありません。お気に入りの写真や投稿する写真のテーマに合ったものなど、自由な発想で個性を出しましょう。スマホに保存されている写真であれば、そのまま使えます。

自分のアイコンとして使う写真を登録する

1 アカウントのアイコンをタップし、アイコンの（＋）をタップ。

2 「プロフィール写真を追加」をタップ。

3 「ライブラリから選択」をタップ。

🔎 Hint

その場で撮影して登録する

プロフィールの写真は、すでにスマホで撮影してある写真から選ぶ方法が一般的ですが、「写真を撮る」をタップするとその場で撮影して登録することもできます。またすでに Facebook を使っている場合、「Facebook からインポート」でFacebookのプロフィール写真を流用することもできます。

4 「次へ」をタップし、「すべての写真へのアクセスを許可」をタップ。

⚠ Check

初回のみ権限を設定する

スマホに保存されている写真は「写真」アプリや「アルバム」アプリなどに保存されています。「Instagram」アプリがそのデータを開けるように権限を与えます。

5 プロフィールに使う写真をタップして選択。その後使用する領域を設定し、「完了」をタップ。

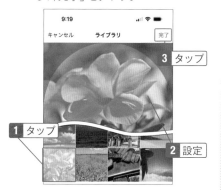

⚠ Check

スワイプやピンチイン・ピンチアウトで位置とサイズを変更する

写真の一部分を使うとき、写真をスワイプして位置を移動したり、ピンチイン・ピンチアウトで縮小・拡大したりして調整します。実際には表示されている部分からさらに円形に切り抜かれます。

6 プロフィール写真が登録される。

🔍 Hint

プロフィール写真を変更する

プロフィール写真を変更するときは、プロフィール画面で「プロフィールを編集」をタップして、「プロフィール写真を変更」をタップします。

02-06

アプリのホーム画面を確認する

写真の周囲のアイコンからいろいろな機能を呼び出す

Instagramのアプリは、写真を中心に周囲に機能を呼び出すアイコンが並んでいます。アイコンの位置を覚えれば、ほとんどの基本的な機能をすばやく開けるようになります。

各部の名称と機能を確認する

❶**新規投稿**：写真や動画を投稿する

❷**アクション**：自分の投稿に付いた「いいね！」やコメントを確認する

❸**ダイレクトメッセージ**：ダイレクトメッセージを送受信する

❹**ストーリーズの追加**：ストーリーズを追加する

❺**ストーリーズ**：フォローしているユーザーのストーリーズを表示する

❻**フィード**：フォローしているユーザーの投稿や関連のある投稿が表示される

❼**投稿したユーザー**：投稿したユーザーのアイコンとユーザー名が表示される

❽**この投稿に対するメニュー**：この投稿のリンクをコピーしたりミュートする

❾**いいね！を付ける**：この投稿に「いいね！」を付ける

❿**コメントを投稿する**：この投稿にコメントを投稿する

⓫**シェア**：この投稿を自分のストーリーズに引用して投稿する

⓬**コレクションに保存**：この投稿をコレクションに保存する

⓭**いいね！したユーザー**：この投稿に「いいね！」したユーザーを表示する

⓮**コメント**：この投稿に付いたコメントを参照する

⓯**ホーム**：ホーム画面（この画面）を表示する

⓰**検索**：ユーザーや投稿を検索する

⓱**リール**：リールを投稿する

⓲**ショップ**：ショップアカウントの商品を表示する

⓳**アカウント**：自分のアカウント画面を表示する

02-07

プロアカウントに切り替える

自分の「公式アカウント」としてビジネスに活用できる

「プロアカウント」は、自分の立場をより明らかにして、自分の公式アカウントのように使います。利用は無料で、自分をよりアピールする目的で利用できます。個人事業者などはビジネスにもプロアカウントを活用しています。

02

Instagramをはじめる準備をする

個人アカウントからプロアカウントに変更する

1 アカウントのアイコンをタップし、「プロフィールを編集」をタップ。

2 「プロアカウントに切り替える」をタップ。

⚠ Check

最初は個人アカウント

Instagramのアカウントを取得すると、「個人アカウント」として作成されます。個人アカウントは「個人の趣味の範囲や仲間で使うアカウント」といった位置づけと考えればよいでしょう。

⚠ Check

プロアカウントにするとできなくなること

プロアカウントに切り替えると自分のアカウントを「非公開アカウント」にできなくなります。投稿は原則として公開され、仲間内だけに限定公開したり、自分専用のアルバムのようにするといった使い方ができなくなります。

⚠ Check

プロアカウントにするとできること

プロアカウントに切り替えると、「Instagramインサイト」が利用できるようになります。「Instagramインサイト」では、フォロワーの属性（年齢層や地域など）を知ることができたり、アクセスの状況を見て分析できたりするようになります。またプロアカウントではアカウントの情報に「連絡先」が追加され、仕事の依頼を受ける連絡先などを登録できるようになります。

3 「次へ」をタップ。この後も同様に「次へ」をタップして画面を進めていく。

無料のプロアカウントに
切り替えよう

プロアカウントを利用すると、フォロワーやアカウントのパフォーマンスに関するインサイトや、新しい連絡オプションなどの機能にアクセスできます。

1 タップ

次へ

4 自分の立場に近いカテゴリをタップ。

当てはまるカテゴリを選択し
てください。

カテゴリを設定すると、あなたと同じようなアカウントを利用者が見つけやすくなります。これはいつでも変更できます。

プロフィールに表示

Q カテゴリを検索

おすすめ

1 タップ

編集者
ライター
個人ブログ
商品・サービス
ゲーマー
レストラン

🖐 Hint

あくまで自分の主張でOK

カテゴリは自分の主張で構いません。資格を持っているとか職業にしているとか、そのような証明は必要なく、たとえば普段、音楽サークルで活動しているならば「ミュージシャン」を選びます。「本格的に好きな趣味」程度のつもりで選べばよいでしょう。

---

5 「プロフィールに表示」をオンにし、「完了」をタップ。

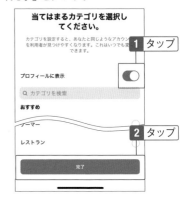

当てはまるカテゴリを選択し
てください。

カテゴリを設定すると、あなたと同じようなアカウントを利用者が見つけやすくなります。これはいつでも変更できます。

プロフィールに表示

1 タップ

Q カテゴリを検索

おすすめ

ゲーマー

レストラン

2 タップ

完了

6 「クリエイター」または「ビジネス」をタップし、「次へ」をタップ。

事業主ですか？

選択されたカテゴリから判断して、ビジネスアカウントが合っていると思われます。これはいつでも変更できます。

1 タップ

ビジネス
小売店、ローカルビジネス、ブランド、組織、サービスプロバイダーに最適です。

クリエイター
公人・著名人、コンテンツプロデューサー、アーティスト、インフルエンサーに最適です。

2 タップ

次へ

⚠ Check

選択したカテゴリによって判断される

「クリエイター」または「ビジネス」は、選択したカテゴリによって判断され、どちらかが選択された状態になります。選択が異なる場合は変更もできます。

クリエイターですか？

選択されたカテゴリから判断して、クリエイターアカウントが合っていると思われます。これはいつでも変更できます。

クリエイター
公人・著名人、コンテンツプロデューサー、アーティスト、インフルエンサーに最適です。

ビジネス
小売店、ローカルビジネス、ブランド、組織、サービスプロバイダーに最適です。

7 表示されている情報を確認して「次へ」をタップ。

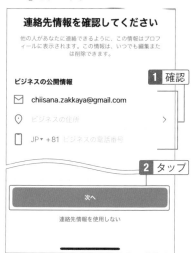

連絡先情報を確認してください

他の人があなたに連絡できるように、この情報はプロフィールに表示されます。この情報は、いつでも編集または削除できます。

ビジネスの公開情報

✉ chiisana.zakkaya@gmail.com

○ ビジネスの住所 〉

▢ JP▾ +81 ビジネスの電話番号

1 確認

2 タップ

次へ

連絡先情報を使用しない

8 アカウントセンターの設定は行わずに、「後で」をタップ。

アカウントセンターを使ってログインを共有

アカウントセンターを設定すると、Facebook やInstagram へのログイン、ストーリーズや投稿のシェア、アカウントの管理をまとめてしやすくなります。

次へ

後で

1 タップ

📖 **Note**

アカウントセンター

アカウントセンターは、Instagram やFacebookのアカウント管理をまとめて行える機能です。一般的な利用であれば特に設定は不要です。

9 「×」(閉じる) をタップ。

9:24

1 タップ

✕

プロアカウントを設定する

Instagram でオーディエンスとつながるためのプロフェッショナルツールを利用できるようになりました。今すぐ始めよう。

1/5 ステップ完了

🎁 アイデアを見る 〉

+👤 ファンを増やそう 〉

⊕ 自己紹介しよう 〉

10 プロアカウントに切り替わり、カテゴリが表示される。

9:27

chiisana.zakkaya ˅ ⊕ ☰

1/5 ステップ完了 ˅

0 1 4
投稿 フォロワー フォロー中

Yagi, S
商品・サービス
ひとり旅が好きな小さな雑貨屋さんの店員です。

1 確認

プロフィールを編集

▦ 回

⚠ **Check**

広告とインサイトが追加される

プロアカウントに切り替えると、アカウントの画面に「広告」と「インサイト」が追加されます。投稿を広告に出稿したり、インサイトでアクセス状況を分析したりできるようになります。

1 アカウントのアイコンをタップし、「メニュー」(「≡」) をタップ。

2 「設定」をタップ。

3 「アカウント」をタップ。

4 「アカウントタイプを切り替え」をタップ。

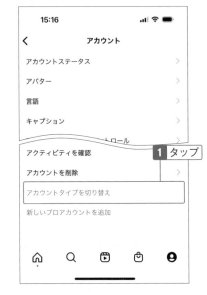

5 変更するアカウントの種類をタップして、必要な設定を行う。

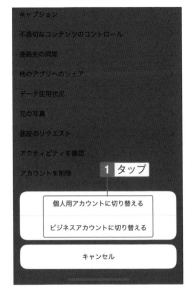

02-08

連絡先や個人情報を追加する

プロアカウントでメールアドレスや電話番号を公開するときに

プロアカウントでは、必要に応じて連作先や個人情報を追加できます。たとえば企業などでInstagramを使う場合、連絡先のメールアドレスや電話番号を掲載しておくとユーザーが仕事の依頼をしやすくなります。

プロフィールにメールアドレスと電話番号を登録する

1 アカウントのアイコンをタップし、「プロフィールを編集」をタップ。

2 「連絡先オプション」をタップ。

3 メールアドレスと電話番号を入力し、「保存」をタップ。

⚠ Check

プロアカウントのみ

メールアドレスと電話番号の公開はプロアカウントのみ可能です。

個人情報を追加する

1 「個人情報の設定」をタップ。

2 「電話番号」をタップ。

3 電話番号を入力し、「次へ」をタップ。

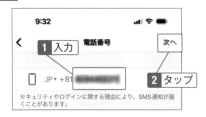

4 SMSで認証番号が届く。

5 認証番号を入力し、「完了」をタップすると、電話番号が登録される。

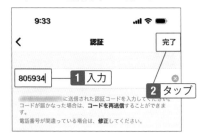

02-09

Instagramであった方がいい機材とは

最低限スマホがあればOK。必要に応じてライトや撮影補助機材を

Instagramを使うために必要な機材は、最低限スマホ1台だけです。あとはどのように工夫するか、どのような写真や動画を撮りたいかなどによって、あった方がいいものをそろえていきましょう。

最低限必要なのはスマホ1台だけ

Instagramは、スマホ1台あればできるアプリです。また、スマホで使うことを前提に作られているので、スマホでできないことは基本的にありません。つまり、スマホさえ持っていれば、誰でもすぐにはじめられ、使いこなすこともできます。はじめるまでの準備のようなものも必要ありません。

では、特別にあった方がいいものはあるのでしょうか。

それは、いかによい写真を撮るか、楽しい動画を撮るかといった、投稿する素材の工夫のために必要なものとなります。

たとえばInstagramでは、スマホで撮影した写真を投稿することが前提ですが、本格的なデジタルカメラを使い、パソコンのグラフィックソフトで加工した写真を投稿することもできます。手間はかかりますが、より自由な発想で美しい写真を掲載できるようになります。そこまではしなくても、スマホで撮影した写真を楽しく加工するアプリを使うことで、ひと味もふた味もちがう凝った写真を投稿することもできるでしょう。

ただ、最近ではスマホの性能が向上し、とてもきれいな写真が撮れますし、鮮やかな映像を撮影できます。もちろん本格的なカメラがあれば秀逸な作品の撮影もできますが、まずはスマホでいろいろ撮影してみましょう。

▲アプリストアで「写真加工」で検索すれば、凝った写真に加工できるアプリが数多く見つかる。無料で利用できるアプリも多い。

光を意識するための機材

　写真でも映像でも、「美しい」か「そうでもない」かを分けるポイントに「光の効果」があります。顔に光を当てるだけで明るい表情に見えますし、朝焼けや夕焼けの景色は日中の景色とは違う雰囲気が出ます。

　もしこれからInstagramで人や物を撮るのであれば、より光を意識して、必要に応じてライトを用意すると凝った作品を撮れるかもしれません。プロ用の撮影機材は必要なく、リング状のライトやビデオ撮影用の照明など、主に多数のLEDを並べたライトが1台〜数台あれば、イメージを自由にコントロールした写真が撮れるようになります。

　はじめに1つLEDライトを入手して、光の当て方をいろいろと試してみながら撮影してみましょう。撮影のおもしろさを知り、作品作りが楽しくなることでしょう。

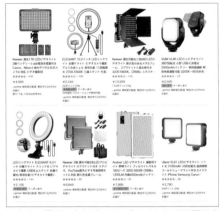

▲室内の撮影であれば、リングライトやLED照明を使うとさまざまな効果を生み出せる。

場面によってあるといい機材

　この他にも、たとえば三脚があれば、スマホを持たない状態で撮影ができますし、同じ位置からいくつもの写真を撮影し、変化を表現することもできるようになります。セルフィー（自撮り）を投稿するのであれば、いわゆる「自撮り棒」があると便利です。また少し高度な機材ですが、動画撮影に「スタビライザー」と呼ばれるブレを吸収する機材を使うと、まるでプロが撮影したようなスムーズな動きの映像を撮れるようになります。

　これから撮影するものがどのような作品になるのかを想像して、よりよい作品にするために必要なものを考えながら、機材を増やしていくのも、撮影の楽しみ方です。

▲セルフィーには自撮り棒が役立つが、周囲に迷惑にならないような場所で使うことがマナー。

▲スタビライザーは手持ちの「ブレ」を吸収する機材。ズームやパンを手元で操作できるものもあり、スムーズで自然な映像を撮影できる。
Osmo Mobile 6（DJI）

まずは投稿してみよう

まずは簡単な投稿をしてみましょう。写真を撮って投稿することの楽しさを感じられるでしょう。動画に興味があるなら、動画の投稿もできます。「すごいと思われる写真や動画」でなくても構いません。気負わずに、目の前の被写体を撮影し手軽に投稿してみましょう。写真や動画、フィードなどを投稿し、Instagramでできることを確かめてみます。

Instagramは決してプロの作品発表の場だけではありません。誰でも気軽に写真や動画を投稿できるSNSです。

03-01

Instagramに投稿できるもの

基本は写真や動画で、文字だけの投稿はできない

Instagramに投稿する素材の中心は写真です。また、動画も投稿できます。文字だけを投稿することは基本的にできず、文章を投稿したい場合も画像化する必要があります。また、写真や動画をどのように投稿・公開するかによって違いがあります。

基本は写真を投稿する

Instagramに投稿するのは、やはり「写真」が中心です。もともと写真を投稿することに特化したブログサービスのような位置づけではじまったものなので、実際に大半のユーザーが写真を投稿しています。また、写真＝画像データであることから、自分で描いたイラストを投稿しているユーザーもいます。

Instagramでは文字だけの投稿ができないことも特徴です。写真にキャプション（説明）を入力して投稿することはできますが、文章だけの投稿はできません。どうしても文章だけを投稿したければ、ダミーの画像と一緒に文章を投稿するか、あるいは文章を書いた画像を投稿するしかありませんが、これらはいずれもInstagramの使い方としてふさわしくありません。

Instagramを使うときには、まず「写真あり
き」と考えておきましょう。

▲基本は写真を投稿する。「自分が作ったアルバム」のようなものを作り上げられる。

> ⚠ Check
>
> ### 推奨は「正方形」
>
> Instagramに投稿する写真は「正方形」が推奨されています。写真を表示する画面も正方形を基準に作られています。ただ一般的な写真は長方形なので、長方形のまま投稿しても構いません。推奨が「正方形」である理由は、もともとInstagramが、かつて「インスタント写真」で使われていた正方形の写真をイメージしたSNSとしてサービスを始めたことに由来しているとも言われています。

動画の投稿も可能

Instagramには動画の投稿もできます。動画の投稿はYouTubeがよく知られていますが、Instagramは、スマホで撮影した動画をその場で投稿するといった、より手軽な使い方ができます。もちろん編集をして作品として投稿しているユーザーも多くいます。またInstagramに動画を投稿すると、同時に「リール」にも投稿され、フォロワーをはじめとした多くのユーザーに届く機会が増えます。

▲動画の投稿もできる。動画はリールとして投稿され、自分のタイムラインにも表示される。

投稿方法で表現を変える

Instagramに投稿する素材は「写真」または「動画」ですが、「どのように投稿するか」によってさまざまな表現が可能です。もっとも一般的な投稿では、写真や動画が投稿順に掲載され、アルバムのように積み重ねていきます。この投稿方法以外にもいくつかの種類があり、それぞれの特徴があります。

- ・ ストーリーズ
  写真や15秒以内の動画を投稿し、24時間で消える
- ・ リール
  90秒以内の動画を投稿する
- ・ ライブ
  リアルタイムでライブ配信する

ストーリーズとリールの動画についてはどちらも同じような機能に思えますが、いくつかの違いがあります。ストーリーズは主に自分のフォロワーに向けた投稿となる一方で、リールは「発見タブ」という機能でより広いユーザーに紹介されることもあり、多くの人の目に留まる可能性があります。またリールは音楽やリズムを合わせた、よりメディア寄りのクリエイティブな動画の投稿を主とした機能で、TikTokに似ています。

▲リールはよりメディア寄りのクリエイティブな動画の投稿を目的としている。

03-02

写真を撮影して投稿する

写真の投稿は、Instagram基本中の基本。まずは投稿に慣れよう

Instagramで写真を投稿することは、もっとも基本となる使い方です。慣れてきたのちに違う工夫をするにしても、誰でもまずは1枚の写真を撮影し、投稿することからはじめています。

カメラで撮影した写真をその場ですぐに投稿する

1 「＋」をタップ。

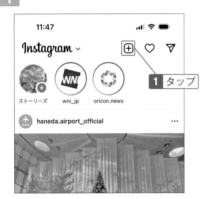

2 「次へ」をタップ。

⚠ Check

アルバムへのアクセス許可

はじめて投稿するときには、いくつかの場面でアクセス許可を求める画面が表示されます。これらの画面が表示されたときは「すべての写真へのアクセスを許可」をタップして次に進みます。

⚠ Check

写り込みに注意

撮影するときには、第三者や自分が特定されるものの写り込みに注意します。たとえば第三者の顔がわかるような状態や、自宅の場所がわかるものなどは写らないように配慮します。

3 カメラアイコンをタップ。

1 タップ

⚠ Check

カメラやマイクへのアクセス許可

Instagramアプリからはじめてカメラやマイクを起動するときには、アクセス許可を求める画面が表示されますので、「許可する」(または「OK」)をタップして次に進みます。

"Instagram"がカメラへのアクセスを求めています

Instagramは写真や動画の撮影、エフェクトの使用などの機能にデバイスのカメラを使用します。

許可しない | OK

"Instagram"がマイクへのアクセスを求めています

Instagramは、動画の録画や音声エフェクトのプレビューなどの機能にデバイスのマイクを使用します。

許可しない | OK

4 写真を撮影。

1 タップ

5 フィルターを選択し、「次へ」をタップ。

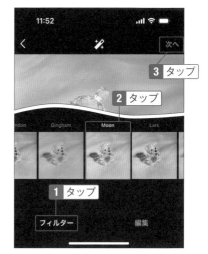

3 タップ

2 タップ

1 タップ

フィルター | 編集

💡 Hint

フィルターは手軽に見栄えをよくする

フィルターを使うと、手軽に写真の見栄えをよくできます。フィルターには色味を変えたサンプルが表示されるので、好みのものを選びます。

6 「キャプションを書く」と表示されて いている部分をタップしてから、文章を入力。

⚠ Check

キャプションは写真に付けるコメント

「キャプション」は写真に付けるコメントです。写真の説明だけではなく、そのときの気持ちや見る人へのメッセージなど、自由な発想で書きましょう。

💡 Hint

投稿のオプション

投稿直前の画面には、「タグ付け」や「場所を追加」、他のSNSへの同時投稿などさまざまなオプションが表示されますが、まずは特に設定をせず、このまま投稿しましょう。

7 「シェア」をタップ。

8 写真が投稿される。

⚠ Check

リマインダーの追加

はじめて投稿するときに、「リマインダーを追加」画面が表示されたら「OK」をタップします。

03-03

動画・リールを投稿する

動画を投稿するとリールにも投稿される

Instagramに動画を投稿すると、写真と同様のフィードへの投稿に加えて、同時にリールにも投稿されます。リールは幅広いユーザーに表示されるので、投稿を見てもらえる機会が増えます。

カメラで撮影して動画を投稿する

03

まずは投稿してみよう

1「＋」をタップ。

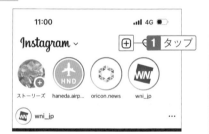

> ⚠️ **Check**
>
> **リールにも投稿される**
>
> はじめて動画を投稿するときに、リールにも投稿されることを説明した画面が表示されることがあります。画面が表示されたら「OK」をタップして次に進みます。

2 カメラアイコンをタップ。

3 動画を撮影する。

4 「次へ」をタップする。

1 タップ

5 文字や効果の加工を追加する。

1 設定

💡 Hint

動画を加工する

　動画を投稿するときに、簡単な加工ができます。音声やBGMを追加したり、スタンプを貼りつけたり、フリーハンドで描きこんだりできます。動画を投稿するときの加工はSECTION05-14を参照してください。特に加工が必要なければ、「次へ」をタップします。

6 「キャプションを書く」をタップする。

1 タップ

💡 Hint

カバー・サムネイル

　投稿した動画のイメージとして表示される「カバー」は、「カバーを編集」をタップすると動画の1コマの中から指定することができます。指定しない場合は自動的にはじめのコマがカバーになります。カバー画像のことをサムネイルとも言います。

7 動画に添えるコメントを入力して「OK」をタップする。

8 「シェア」をタップする。

9 動画が投稿される。

10 同時に、リールにも投稿される。

03-04

ストーリーズに投稿する

ストーリーズの投稿は24時間だけ公開される

ストーリーズは、写真や動画を24時間だけ公開する場所です。「ずっと残すほどではないけれど伝えたい」、そんなできごとやメッセージを写真や動画で表現して投稿してみましょう。文字や手書きでユニークな加工ができます。

写真や動画をストーリーズに公開する

1 「ストーリーズ」をタップ。

⚠ Check

ストーリーズの投稿を追加する

ストーリーズの投稿を追加する場合、アイコンを長押しして「ストーリーズに追加」をタップします。（SECTION06-03参照）

2 写真や動画をタップ。

文字を追加する場合、「Aa」をタップ。

文字を入力して、書体や文字飾りを選んだら「完了」をタップ。

⚠️ **Check**

ストーリーズの装飾

　ストーリーズでは、文字や情報、手書き、スタンプなどを追加できます。これらは慣れてきて使いこなせるようになると楽しい写真や動画を簡単に作れますので活用しましょう。ストーリーズについては、Chapter06で詳しく解説しています。

「手書き」をタップすると手書き線を書き込める。できあがったら「完了」をタップ。

⚠️ **Check**

大きさや位置の調整

　書き込んだ文字などの大きさはスワイプして拡大・縮小ができます。またドラッグすれば位置の移動ができます。

完成したら「ストーリーズ」をタップ。

03

まずは投稿してみよう

アーカイブの確認

　はじめてストーリーズに投稿するときには、ストーリーズアーカイブが利用可能になったことを伝えるメッセージが表示されることがあります。メッセージが表示されたら「OK」をタップします。「ストーリーズアーカイブ」は、ストーリーズの投稿から24時間が過ぎて公開が終わった後でも、自分だけは「アーカイブ」から見ることができる機能です。

8 アイコンをタップするとストーリーズが再生される。

7 ストーリーズに投稿される。

ストーリーズが投稿されているか見分ける

　ストーリーズが投稿されているアカウントは、アイコンの周囲に細い線が表示されます。

03-05

投稿に適した写真や動画のサイズ

大きく解像度の高い写真や動画は必要ない

Instagramに投稿する写真や動画には、大きなサイズは必要ありません。大きければきれいと考えがちですが、スマホの画面を前提に考えれば、小さめのサイズでも十分にきれいに見えます。

カメラと画面の解像度の違いを考える

　自分の投稿を見てもらうためには、きれいで美しい写真や動画を投稿したいと考えるのは当然かもしれません。そこでスマホのカメラの性能をフルに発揮して、大きなサイズ、高解像度で撮影したくなります。しかしスマホのカメラは高性能であっても、画面のサイズはそこまで大きくありません。

　たとえばiPhoneでは、4800万画素（iPhone 14 Pro）という高性能なカメラが搭載されています。このカメラで撮影すると、「8000×6000ピクセル」という高解像度の写真になります。細かい色の変化まで再現され、ポスター印刷もできてしまうような性能です。

　一方で、同じiPhoneの画面は、1179x2556ピクセルで表示されます。つまり、カメラの性能をフルに使っても、表示するときは小さくなります。一般的にパソコンの「フルHD」と呼ばれるサイズが「1920×1080ピクセル」（縦方向の場合1080×1920ピクセル）なので、フルHDより少し細かい程度です。

　さらにInstagramの画面では、アカウントやコメントなどが表示されるので、画像や映像の表示は画面のピクセル数よりも小さくなります。

　もちろんカメラの性能を活かしたきれいな写真や動画を撮影することは、よりよい作品につながりますが、Instagramへの投稿を前提とした場合、必ずしも大きなサイズで撮影する必要はないことを意識しておきます。

03

まずは投稿してみよう

▲iPhoneの場合、標準のカメラアプリでは写真の解像度が変えられないが、動画は「4K」と「HD」を選択、さらにフレームレート（1秒間のコマ数）を選択できる。「HD・30」で十分にきれいな映像が撮影できる。

▲Androidスマホでは、機種によって解像度を選択できるので、小さめのサイズを選択する。

03-06

Instagramで 投稿・発信するさまざまな方法

目的や場面によって使い分ける

Instagramの写真や動画は、いくつかの公開方法があります。一般的な投稿（フィード）やストーリーズ、リールのような写真や画像の投稿に加えて、ライブでリアルタイムの配信を行うといった機能もあります。

動画で発信する「リール」や「ライブ」

　「リール」はストーリーズのように短い動画を投稿する場所です。どちらも似たような機能ですが、リールでは写真の投稿はできず、90秒以内の動画だけを投稿できます。動画と同時に投稿することに加え、リール単独でも投稿することができます。リールは音楽に合わせて動きを表現するような、よりクリエイティブな動画の投稿に向いていて、同様の短い動画を投稿・共有する「TikTok」に似た機能です。

　「ライブ」では、スマホのカメラをリアルタイムの中継カメラとして使い、今をそのまま発信することができます。いわば「生中継」の機能です。この機能は「インスタライブ」という名前で呼ばれています。フォロワーに向けてメッセージを発信したり、目の前で起きていることをユーザーに伝えたりすることができます。ただしライブ中継としてふさわしくない場面や、著作権や肖像権に抵触する内容、公序良俗に反するような内容の中継はしてはいけません。インスタライブは著名人、芸能人などがしばしば利用していますが、通常のユーザーはライブ発信を使う機会はそれほど多くないかもしれません。しかし、孤立した災害現場の状況を中継するなど、役に立つ事例もありますので、覚えておきましょう。

▲「リール」には単独で投稿することもでき、音楽とリズムに合わせたユニークな動画を楽しめる。

▲Instagramでライブ配信（インスタライブ）すれば、目の前で起きていることやリアルタイムのメッセージを誰でも広く配信できる。

Chapter

04

フォローやコメントで
コミュニケーションを
広げる

Instagramでも、他のSNSと同じようにフォローや「いい
ね！」、コメントでコミュニケーションを広げられます。何度か
投稿しているうちに、フォロワーが増えたり「いいね！」が付
いたりコメントが届いたりするようになり、より楽しさを感じ
られるようになります。また、他のユーザーをフォローすれば、
その相手がフォローしてくれるかもしれません。いろいろな投
稿を見て「いいね！」を付けたりコメントを送ったりして、積
極的に交流を楽しんでみましょう。

1枚の写真から同じ趣味の仲間が集まるような広い交流につ
ながることがあるのも、Instagramの特徴です。

04-01

他のユーザーの投稿に「いいね！」を付ける

もっとも手軽で、気軽にリアクションを送れる方法

「いいね！」は多くのSNSで使われているもっとも簡単なリアクションの送り方です。投稿された写真や動画を、その名のとおり「いいね！」と思ったときに送ります。「いいね！」がコミュニケーションの第一歩になることもあります。

投稿に「いいね！」を送る

1 投稿を表示して「いいね！」♡をタップ。

2 投稿の上にハートが表示される。

3 ♡が❤に変わり、投稿に「いいね！」が付く。

⚠ Check

「やだね！」はない

Instagramの投稿に付けるリアクションは「いいね！」だけです。Facebookの「驚きだね」「悲しいね」などや、YouTubeの「高評価」「低評価」のようにさまざまなリアクションがあるSNSもありますが、Instagramのリアクションでは、「いいね！」を付けて「とてもいい写真（動画）ですね！」と伝えることに特化しています。

04-02

送った「いいね！」を外す

間違って付けてしまっても、後から外すことができる

「いいね！」はワンタップで投稿に送れる簡単なリアクションですが、簡単なだけに間違って付けてしまったということもあるでしょう。そんなときはいつでも「いいね！」を外すことができます。

投稿に付けた「いいね！」を取り消す

1 「いいね！」を付けた投稿を表示して「いいね！」♥をタップ。

2 ♥が♡に変わり、「いいね！」が取り消される。

フォローやコメントでコミュニケーションを広げる

⚠ Check

通知はされないがむやみに取り消さない

「いいね！」を取り消しても、「いいね！」が取り消されたという通知はありません。そのため、相手はあえて「いいね！」を確認しない限り気づく可能性は低いですが、気づいたときには「なぜ取り消されたんだろう」などと誤解を招く可能性があります。不要なトラブルを防ぐためにも、特に理由がない限りは「いいね！」の取り消しはしない方が無難です。

04-03

写真や動画にコメントを送る

他のユーザーの投稿に感想を送って、交流することができる

写真や動画の投稿に感想を送るときにはコメントを使います。他のSNSと同じようにコメントからコミュニケーションが広がることもあり、人気の投稿では活発なやりとりが行われています。

投稿にコメントを付ける

1 投稿を表示して「コメント」をタップ。

2 「コメントを追加」をタップ。

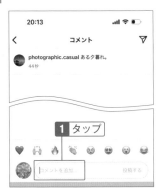

3 コメントを入力して「投稿する」をタップ。

💡 Hint

絵文字を入力する

　コメントには絵文字の入力もできます。入力時に表示されている、あらかじめ用意された絵文字をタップすればカーソルの位置に入力されます。スマホに搭載されている絵文字も入力できますが、パソコンで表示できないといった場合もありますので、あらかじめ用意された絵文字から選んでおけば確実に伝わります。

4 コメントが送信される。

5 写真や動画の下にコメントが表示される。

 Hint

コメントに返信する

コメントに対するコメントを送ることもできます。コメントの「返信する」をタップすると、同様にコメントを入力して、送ることができます。投稿を個別に表示した場合は「（相手のユーザー名）に返信」と表示され、返信を入力することができます。

04

フォローやコメントでコミュニケーションを広げる

04-04

投稿したコメントを削除する

送ったコメントの修正はできないので、削除して再送信する

自分が送ったコメントはあとから削除することができます。一方でコメントは送ったあとに修正はできません。修正したいときや、間違って送ってしまった場合などには、コメントを削除します。修正したい場合は、削除してから再投稿します。

コメントを削除する

1 コメントをタップ。

1 タップ

2 自分が送ったコメントを左にスワイプすると、「削除」が表示されるのでタップ。

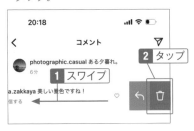

1 スワイプ　2 タップ

⚠ **Check**

削除できるコメント

削除できるコメントは、自分が送ったコメントと、自分の投稿に付いたコメントです。

⚠ **Check**

コメントの返信も削除できる

コメントの投稿に返信がある場合は、投稿の下に表示されているコメントをスワイプして削除することもできます。

⚠ **Check**

直後なら取り消せる

コメントを削除した直後であれば、画面上部に表示されるメッセージをタップして元に戻すことができます。ただし表示されるのはごく短い時間（1秒程度）です。

04-05

投稿に付いたコメントを見る

投稿にコメントが付いたら返信も効果的

自分の投稿にコメントが付くと嬉しいものです。読んで、さらにコメントの返信を送ったり、お礼を返したりしてみましょう。返信が続いたり他のユーザーのコメントも混ざりグループの会話のようになることもあります。

通知から付いたコメントを表示する

1 コメントが届くと通知が表示されるので、「通知」をタップ。

⚠ Check

バナー通知も表示される

スマホやアプリの設定でバナーの通知を許可している場合、通知がバナーに表示されます。

⚠ Check

通知のアイコンを見逃してもわかる

通知が届くと、コメントやいいね！の種類、通知の数が表示され、それらは数秒後に消えてしまいます。そのあとも通知のアイコンの下に小さな赤点が表示されるので、通知が届いていることがわかります。

04

フォローやコメントでコミュニケーションを広げる

2 通知でコメントを確認して、右側の
サムネイルをタップ。

Hint

通知から直接返信やいいね！をする

通知に表示されている♡や「返信する」を
タップすると、通知から直接コメントに「いい
ね！」を付けたりコメントに返信したりできま
す。

Hint

**左側をタップするとプロフィールに
ジャンプ**

通知の左側に表示されているコメントを
送ったユーザーのアイコンや中央のユーザー
名をタップすると、そのユーザーのプロ
フィール画面にジャンプします。

3 コメントが表示される。

投稿から付いたコメントを表示する

1 投稿に表示されているコメントを
タップする。

⚠ Check

タップする場所に注意

コメントを表示するときには、コメントの
本文が表示されている部分をタップします。
ユーザー名をタップするとそのユーザーのプ
ロフィールにジャンプしてしまいます。

2 コメントが表示される。

Hint

コメントに「いいね！」する

コメントの♡をタップすると、コメントに
対して「いいね！」を付けることができます。

04-06

通知を確認する

「いいね！」やコメントなど変化があると通知が届く

自分の投稿に「いいね！」やコメントが付いたり、フォロワーが増えたりしたときなどには通知が届きます。通知を確認することで、変化を見逃さず、すぐに必要な対応もできるようになります。

通知アイコンで内容を確認する

　Instagramアプリにはさまざまな変化の場面で通知が届きます。通知のアイコンに表示されるイメージで内容もわかります。

▲「いいね！」が付いたとき

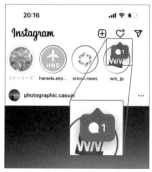

▲自分の投稿にコメントが付いたり、送ったコメントに返信があったとき

▲フォロワーが増えたとき

▲イメージは数秒で消えるが、その後も小さな赤点で通知があることがわかる

04

フォローやコメントでコミュニケーションを広げる

通知をタップすると、通知の詳細が表示され、それぞれをタップすればコメントを表示したりフォロワーを表示したりするなど、さらに詳しい内容を確認できます。

▲通知は新しい順に「お知らせ」に表示される。

Hint

通知を設定する

通知が届く場面はアプリから詳細に設定できます。設定方法はSECTION11-14を参照してください。

他のユーザーをフォローする

フォローすれば、興味のあるユーザーの投稿を見逃さない

フォローはSNSで「つながり」を表す代表的な機能です。フォローをしたり、フォローされることでつながりが広がっていきます。興味のあるユーザーをフォローしておくと、そのユーザーの投稿が自分のフィードに表示され、見逃すことがありません。

プロフィール画面からフォローする

1 検索結果やフィードに表示された投稿でユーザーのアイコンをタップ。

2 「フォローする」をタップ。

⚠ Check

フォローすると相手に通知される

フォローすると、相手には自分がフォローしたことの通知が届きます。ただし相手が通知をオフにしている場合は届きません。

04

フォローやコメントでコミュニケーションを広げる

75

3 「フォロー中」に変わりフォローに追加される。

1 確認

📅 **Note**

フォローを返すことは「フォローバック」

　自分をフォローしてくれているユーザーに対して自分がフォローすることは、「フォローバック」と呼びます。フォローバックすることで相互にフォローしている状態になります。フォローバックについては次のSECTION04-08を参照してください。

⚠️ **Check**

「メッセージ」は直接メッセージを送る機能

　ボタンに「メッセージ」と表示されるのは、自分がフォローしているユーザーに対してダイレクトメッセージを送れることを示しています。相手がダイレクトメッセージを許可していれば、この画面からダイレクトメッセージを送ることができます。

通知からフォローする

1 通知を表示して「フォローする」をタップ。

1 タップ

2 表示が「フォロー中」に変わり、フォローに追加される。

1 確認

04-08

フォローを返す

フォローバックすると「相互フォロー」になる

フォローしてくれたユーザーは自分の投稿に興味を持っています。そこでその相手を確認して、興味を持ったら自分からもフォローをしましょう。お互いにフォローし合うことを「相互フォロー」と呼びます。

フォローバックする

1 フォローを返すユーザーのプロフィールを表示して「フォローバックする」をタップ。

2 表示が「フォロー中」に変わり、フォローに追加される。

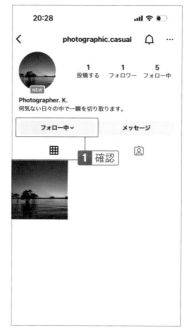

📖 Note

「フォローバック」を略して「フォロバ」

　「フォローバック」で相互にフォローし合うようになることは、お互いに「つながる」ことでよりコミュニケーションを深める1つの手段になります。「フォローバック」を略して「フォロバ」とも言い、自分をフォローしてくれたことのお礼に合わせて「フォロバしました！」といったメッセージを送ることもあります。

04-09

フォローされているユーザーを確認する

フォロワーはInstagramの注目度を示す指標の1つ

しばしばテレビなどでも「インスタでフォロワー1万人」などと言われます。この「フォロワー」とは、自分をフォローしているユーザーのこと。自分のフィードでいつでもフォロワーを確認できます。

自分のフォロワーを表示する

1 アカウントのアイコンをタップ。

2 プロフィール画面が表示されるので「フォロワー」をタップ。

3 フォロワーが表示される。

🎣 Hint

フォローしているユーザーを確認する

自分がフォローしているユーザーを確認する場合は、プロフィール画面の「フォロー」をタップするか、フォロワーの表示画面で「フォロー中」タブをタップします。

⚠ Check

フォロワーの表示順

フォロワーの表示順は、最近フォローしてくれた新しいフォロワーほど上に表示されます。フォローしているユーザーも同様に、最近フォローしたユーザーほど上に表示されます。

04-10

自分の投稿に付いた「いいね！」を確認する

投稿に付いた「いいね！」の数は表示／非表示を設定できる

自分の投稿に誰が「いいね！」を付けてくれたかや、「いいね！」の数を確認することができます。自分以外のユーザーの投稿についた「いいね！」も見ることができますが、数については、ユーザーの設定によっては表示されない場合があります。

自分の投稿に付いた「いいね！」を見る

1 投稿を表示して「いいね！」をタップ。

2 「いいね！」を付けてくれたユーザーが表示される。

🔍 Hint

ユーザー名をタップするとプロフィールにジャンプ

「いいね！」を表示するときには、自分のアイコンと「いいね！」が表示されている部分をタップします。その右のユーザー名をタップすると、その人のプロフィールに移動します。

⚠ Check

表示される「いいね！」の数

他のユーザーの投稿に付いた「いいね！」も同じ方法で表示できますが、他のユーザーの投稿の場合、ユーザーのプライバシー設定によって、「いいね！」を付けたユーザーだけが表示され、「いいね！」の合計数は表示されない場合があります。

Instagramが広く使われるようになり、「いいね！の数」で競うような状態があまりにも過熱してきたため、Instagramの運営が、「いいね！の数」でプレッシャーを感じたり、数に左右されたりしないようにする目的で仕様が変更されました。

04-11

他のユーザーの投稿に付いた「いいね！」を確認する

誰が「いいね！」したかは他のユーザーの投稿でも見られる

他のユーザーの投稿に付いた「いいね！」も気になるものです。誰が「いいね！」をしているかを見ると、共通のフォロワーや、新しくフォローしたくなるユーザーが見つかるかもしれません。

「いいね！」したユーザーを表示する

1 投稿を表示して「いいね！」をタップ。

1 タップ

⚠ Check

タップするのは「いいね！」と表示された部分

「いいね！」したユーザーを表示するには、「いいね！」の部分をタップします。ユーザー名をタップすると、そのユーザーのプロフィールに移動してしまいます。

2 「いいね！」したユーザーが表示される。

⚠ Check

数が表示されない

他のユーザーが投稿した写真や動画に付いた「いいね！」については、ユーザーのプライバシー設定によって、「いいね！」を付けたユーザーは表示されますが、「いいね！」の数は表示されない場合があります。投稿時の詳細設定やアカウント設定で「いいね！」を見られないようにしている場合は、数も表示できません。

04-12

自分用のQRコードを作成する

自分のアカウントをフォローしてもらいやすくするために

自分のアカウント専用のQRコードを作成し、相手に見せて読み取ってもらえば、自分の
プロフィール画面を簡単に表示してもらうことができます。その場でフォローしてもら
うときなどに便利です。

QRコードを表示する

1 「プロフィール」画面（SECTION
02-03参照）で「≡」（メニュー）を
タップ。

1 タップ

2 「QRコード」をタップ。

1 タップ

3 QRコードが表示される。

💡 Hint

QRコードを保存する

表示されたQRコードを保存したいときに
はスクリーンショットを撮ります。スクリーン
ショットは写真（アルバム）アプリに保存さ
れ、いつでも呼び出せるようになります。

📋 Note

QRコードの特徴

QRコードは、「二次元バーコード」と呼ばれ
るバーコードの一種です。商品などに付く縦
縞模様のバーコードに比べて多くの情報を含
むことができ、さまざまな場所で使われてい
ます。

04

フォローやコメントでコミュニケーションを広げる

04-13

QRコードからユーザーの ページを表示する

その場にいる相手のQRコードを読み取ってフォローできる

Instagramにはユーザーごとのプロフィール画面を表示できるQRコードがあります。
QRコードを読み取れば、そのユーザーのプロフィール画面から簡単にフォローすること
もできますので、フォロワーを増やすときにもしばしば利用されています。

QRコードでフォローする

1 アカウントのアイコンをタップ。

2 「≡」(メニュー) をタップ。

3 「QRコード」をタップ。

4 QRコードが表示されるので、「QR コードをスキャン」をタップ。

5 カメラが起動するので、読み取る
QRコードを写す。

⚠ Check

権限を許可する

　カメラが起動するときに、権限の許可が必要
な場合があります。権限の許可を求める画面が
表示されたら、許可してください。

6 読み取ったアカウントが表示される
ので「フォローする」をタップ。

7 フォローに追加される。

⚠ Check

相互フォローになる場合

　QRコードを表示したユーザーをすでにフォ
ローしていて、相手からもフォローされている
場合には、QRコードを読み込むと「お互いを
フォローしています」という画面が表示されま
す。

フォローやコメントでコミュニケーションを広げる

04-14

「親しい友達」に分類して
ストーリーズを限定公開する

友人や家族など、普段から実際の交流がある相手を特別に分類できる

フォローしているユーザーの中で「親しい友達」という分類を作り、ストーリーズを限定公開にできます。普段から実際の交流がある友人や同級生、家族親戚などは「親しい友達」として分類しておきます。

「親しい友達」を追加する

1 アカウントのアイコンをタップ。

2 「≡」（メニュー）をタップ。

3 「親しい友達」をタップ。

4 「親しい友達」に追加するユーザーをタップ。

表示されるユーザー

　「親しい友達」の候補に表示されるのは、相互フォローをしてコメントをやりとりするなど、一定の条件を満たしているユーザーです。相互フォローしていても、やり取りのないユーザーは表示されません。

「親しい友達」から削除する

1 「プロフィール」画面で「 ≡ 」(メニュー) をタップ。

5 「完了」をタップ。

6 プロフィール画面に戻る。

2 「親しい友達」をタップ。

3 削除するユーザーのチェックをタップ。

4 「完了」をタップ。

「親しい友達」の使い方

「親しい友達」は、ストーリーズを公開する範囲を「親しい友達」限定にするときに使います。ストーリーズを投稿するときに「親しい友達」を指定すると、通常は青色の線で囲まれるアカウントのアイコンが緑色で囲まれ、「親しい友達」だけが見ることができるようになります。

ストーリーズの投稿についてはSECTION 06-02を参照してください。

04-15

おすすめのユーザーを表示する

自分が興味を持ちそうなユーザーを簡単に探せる

無数ともいえるユーザーの中から自分が興味を持てそうなユーザーを探すのは簡単ではありません。そこでInstagramが今フォローしているユーザーなどから表示する「ユーザー」を使って、自分の興味に合いそうなユーザーを探します。

フィードの「おすすめのユーザー」を見る

1 プロフィール画面を表示して「フォロワー」をタップ。

⚠ Check

「おすすめ」に表示される条件

　フィードの「おすすめ」に表示されるユーザーは、自分をフォローしている、共通のフォロワーがいる、フォローしているユーザーがフォローしているなどといった「つながりの距離」が近いユーザーや、自分の趣味趣向に近い公式アカウントなどのユーザーです。

⚠ Check

連絡先の同期

　「おすすめのユーザー」を表示するときに、連絡先の同期を尋ねられる場合があります。スマホに保存されている連絡先を使って「つながり」を探す機能で、実行する場合はInstagramアプリが連絡先を参照する権限が必要になります。特に必要がなければ「×」(閉じる)をタップして画面を閉じてください。

2 「おすすめのユーザー」が表示される。

🔍 Hint

ダイレクトメッセージのおすすめ

　フィードで左にスワイプすると「おすすめ」に自分がフォローしているユーザーが何人か表示されます。これはダイレクトメッセージを送る機能で、ユーザーをタップするとダイレクトメッセージの画面に移動します。

　ダイレクトメッセージについてはSECTION08-01を参照してください。

04-16

新しいフォロワーを確認する

フォローが増えると通知が届く

新しく自分をフォローしたユーザーがいると、通知が届きます。そこで通知を確認し、新しいフォロワーのプロフィールを見てみましょう。同じ趣味や趣向のユーザーであれば、フォローバックして相互フォローするのもよいでしょう。

誰がフォローしてくれたかを確認する

1 フォローされると通知が届くので、通知のアイコンをタップ。

2 新しいフォロワーが表示される。タップして詳細を確認する。

3 新しくフォローしてくれたユーザーのプロフィールが表示される。フォローする場合は「フォローバックする」をタップすると、自分もフォローして、相互フォローになる。

⚠Check

フォローする場合はよく確認する

　フォローされることはとても嬉しいことですが、中には悪意を持っているユーザーもいます。個人情報を聞き出そうとしたり、ダイレクトメッセージでいい話を持ち掛けられ詐欺に巻き込まれたりすることもあります。見知らぬ人にフォローされたときには、その人のプロフィールや過去の投稿を十分に確認しましょう。特に投稿がない、または写真を数枚程度しか投稿していないユーザーは何かしらの意図をもってInstagramに登録し無作為にフォローしている可能性が高いので、無視した方が賢明です。

写真や動画に工夫を加え、見栄えよくして投稿する

Instagramでもっとも中心となる使い方は「写真や動画を
フィードに投稿すること」です。もともと写真で交流するSNS
として広まったInstagramなので、現在も圧倒的に多くのユー
ザーが写真や動画の投稿を主に楽しんでいます。

写真や動画を簡単に投稿できることもInstagramの魅力です
が、そこに一工夫を加えると、より見栄えのよいものになりま
す。写真を加工する、イメージを統一するなど、自分だけの作
品集を作るように、楽しんでみましょう。

05-01

写真を撮ってその場で投稿する

Instagramのカメラ機能で撮影し、そのまま投稿できる

Instagramのアプリにはカメラ機能が内蔵されています。カメラアプリを起動しなくても、Instagramアプリで写真を撮影し、そのまま投稿できます。もっとも簡単で手軽な、すぐにできる投稿方法です。

写真を撮って投稿する

1 「＋」をタップ。

2 カメラのアイコンをタップ。

> ⚠️ **Check**
>
> **撮影時に可能なさまざまな機能**
>
> Instagramのカメラでは、撮影時にできるいくつかの機能があります。これらの機能についてはSECTION05-02を参照してください。

3 カメラが起動するので、シャッターボタンを押して撮影する。

> 🔍 **Hint**
>
> **スマホに保存してある写真から選んで投稿する**
>
> 過去の写真やあらかじめ加工した写真などを投稿するときには、画面の下に表示される一覧から選んで投稿します。
>
>
>
> ▲スマホに保存されている写真や動画が画面の下に表示される。

4 フィルターや編集機能（Hint参照）を使って写真を仕上げ、「次へ」をタップ。

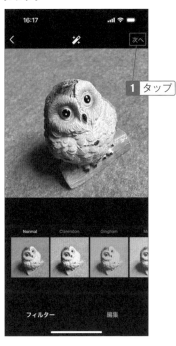

1 タップ

5 キャプションを入力して「シェア」をタップ。

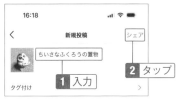

1 入力
2 タップ

Hint

複数アカウントや他のSNSとの同時投稿

投稿画面には、登録している他のアカウントやSNSに同時に投稿できるスイッチが表示されています。これらをオンにすると、今ログインしているInstagramと同時に、さまざまなSNSに同時に投稿することができます。

6 写真が投稿される

Hint

フィルターや編集機能を使う

Instagramでは、特別なアプリを使わなくても、写真をきれいに加工できます。「フィルター」では、色合いやコントラストなどをあらかじめ用意されたイメージから選び、簡単に写真の印象を変えられます。また「編集」を使うと、さらに細かく、「色」や「彩度」など項目ごとに調整ができます。

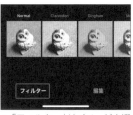

▲「フィルター」はイメージを選ぶだけで簡単に写真の見栄えを整えられる。

▲「編集」ではトリミングや色の調整など、さまざまな加工ができる。

投稿時、写真を簡単に加工する

フィルターやトリミングなど、基本的なことはだいたいできる

Instagram アプリで写真を投稿するときには、簡単な加工ができます。色味のイメージを変えたり、トリミングをすることができるので、普段の投稿では十分な機能が搭載されています。

フィルターで印象を変える

▲「フィルター」を使うと、選ぶだけでイメージを確認しながら写真の加工ができる。色をはっきりさせるフィルターやモノクロに変換するフィルター、光を強く表現したフィルター、レトロ調のフィルターなどがある。

⚠ Check

投稿する前に加工する

投稿するときに写真を撮影、または選んだあとにフィルターと編集画面が表示されます。ここで加工すれば、専用のアプリなどを使わなくても手軽に見栄えのよい写真を投稿できます。

▲「編集」では、さまざまな調整を細かく行うことができる。傾きやコントラストや彩度、ビネット（周囲を暗くする効果）など、それぞれの画面で状態を確認しながら調整できる。

⚠ Check

トリミングする

写真を拡大して一部を切り取る「トリミング」は、写真をスワイプして調整します。

💡 Hint

複数の適用も可能

フィルターや編集機能は、複数の項目を設定して合成することもできます。たとえば「レトロ調のフィルターを使ってコントラストを高くして、さらにシャープにする」といった細かい調整が可能です。

💡 Hint

Luxで仕上げる

画面の上部に表示されている「Lux」は、取り込む光量を調整します。Luxでは「はっきり」と「ふんわり」の間を調整することができ、仕上げの加工に向いています。

▲Luxを使うには画面上部の「調整」アイコンをタップする。

▲フィルターや編集で調整したあとLuxで仕上げるとイメージを整えられる。

05

写真や動画に工夫を加え、見栄えよくして投稿する

05-03

投稿をあとから修正する

キャプションは投稿後でも修正できるが、写真や動画は修正できない

すでに投稿した内容を修正します。投稿の修正では、キャプションの編集や他のユーザーのタグ付け、位置情報の追加などができます。写真の入れ替えや追加、修正はできません。

キャプションを修正する

1 修正する投稿を表示して、「…」（メニュー）をタップ。

2 「編集」をタップ。

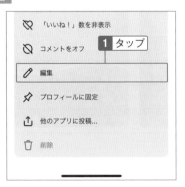

3 キャプションを修正して「完了」をタップすると、キャプションが修正される。

💡 Hint

タグ付けや位置情報を追加する

編集画面で「位置情報を追加」をタップすると、任意の位置情報を追加できます。また、「タグ付け」ではタグを追加できます。「代替テキストを編集」では、写真が表示できない場合に、代わりに表示する文字を追加します。

⚠️ Check

写真や動画の修正はできない

投稿した写真や動画の修正はできません。あとからフィルターを加えるといったことができないので、投稿時に十分確認しましょう。写真や動画の修正が必要になった場合は、一度削除して再投稿するしかありません。

投稿を削除する

写り込みなどに気づいたり、誤って投稿してしまったらすぐ削除

投稿した写真は全世界に公開されるので、多くの人に見られる可能性があります。もし写真に第三者がはっきり写り込んでいるなど、公開にふさわしくない写真と気づいた場合にはすぐに削除しましょう。

自分が投稿した写真や動画を削除する

1 削除する投稿を表示して「…」（メニュー）をタップ。

2 「削除」をタップ。

3 確認のメッセージが表示されるので、「削除」をタップ。

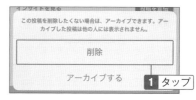

4 投稿が削除される。

05

写真や動画に工夫を加え、見栄えよくして投稿する

95

削除した投稿を復元する

アカウントのアイコンをタップ。

⚠ Check

復元は30日以内

削除した投稿は30日以内であれば復元できます。30日を過ぎると完全に削除され、復元することはできません。

「≡」(メニュー)をタップ。

「アクティビティ」をタップ。

「最近削除済み」をタップ。

⚠ Check

完全に削除する

「最近削除済み」で「削除」すると、完全に削除され、復元できなくなります。

5 削除した投稿が表示されるので、復元する投稿をタップ。

6 投稿を確認して「…」(メニュー)をタップ。

7 「復元する」をタップ。

8 「復元する」をタップすると、「最近削除済み」から表示が消えて、投稿が復元される。

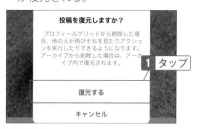

復元時に認証が表示される

削除した投稿を復元するときに、認証が必要な場合があります。Instagramのアカウントを登録したとき、メールアドレスならばメールで、電話番号ならばSMSで認証コードが届きますので、入力して進みます。一度認証すればしばらくは認証画面が表示されなくなりますが、一定の時間が経つと再度認証が必要になります。

▲認証画面が表示されたら「次へ」をタップする。

▲メールやSMSで届く認証コードを入力して進む。

05

写真や動画に工夫を加え、見栄えよくして投稿する

05-05

撮影した写真を正方形にして投稿する

写真のサイズは正方形がおすすめ

写真を投稿するときに、サイズを変更するとフィードで見やすくなります。もっともおすすめのサイズは正方形ですが、より正方形に近い「4：3」も多く使われています。一方であまり横長・縦長になるような写真は見づらくなります。

「元のサイズ」と「正方形」を切り取る

1 投稿するときに写真を選択したら、「サイズ切り替え」をタップ。

2 写真のサイズが正方形に変わる。

⚠ Check

Instagramのカメラは「正方形」専用

Instagramアプリを使って撮影する場合、写真のサイズは正方形のみです。他のサイズは選択できません。

⚠ Check

トリミングで調整しておく

「正方形」か「撮影時のサイズ」以外のサイズにするときは、あらかじめ写真加工アプリなどでサイズを変更しておきます。

05-06

位置情報を追加する

不用意に位置情報は公開しない

投稿の位置情報は、リアルタイムで追加すると自分の居場所を知らせることになるので、後日追加するなど工夫が必要です。また自宅や職場、学校など日々の生活圏については位置情報を表示しないようにしましょう。

投稿した写真に位置情報を追加する

1 投稿を表示して「…」(メニュー) を
タップ。

2 「編集」をタップ。

3 「位置情報を追加…」をタップ。

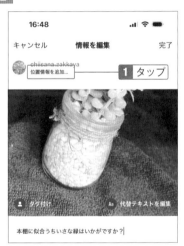

⚠ Check

追加する位置は選べる

位置情報は、自分の居場所や写真を撮影した場所以外でも、任意の場所を追加できます。

4 場所を検索して、表示する位置情報をタップ。

撮影地やリアルタイムの位置情報を追加する

位置情報を追加する画面で「位置情報サービスをオンにする」をタップすると、写真の撮影地やリアルタイムの位置情報を追加できます。しかしプライバシーが公開される危険もあるので、位置情報は検索画面から選んで追加した方が安全です。

5 投稿に位置情報が追加されるので「完了」をタップ。

6 投稿が更新され、位置情報が表示される。

複数の写真を投稿する

複数の写真を1つの投稿にまとめる

同じときに撮影した写真や1つのまとまりで表現するような写真は、1つの投稿の中に
まとめて表示し、スワイプして切り替えて表示できます。商品の紹介のようにいろいろ
な角度の写真を載せる場合にも役立ちます。

複数の写真をまとめて投稿する

1 「＋」をタップ。

2 「複数を選択」をタップ。

3 投稿する複数の写真をタップして選
択し、「次へ」をタップ。

⚠ Check

タップした順に投稿される

複数の写真をタップして選択するときに、
タップした順番に投稿されます。順番を考えな
がら選択して下さい。選択を取り消すときは、
もう一度写真をタップします。

4 写真を確認して、フィルターを選択し、「次へ」をタップ。

2 タップ

1 タップ

Normal　Clarendon　Gingham

⚠ Check

順序を確認する

　複数の写真を投稿すると、確認画面に並んで表示されます。写真を左右にスワイプして切り替えながら、順序を確認します。

5 キャプションを入力して「OK」をタップし、次の画面で「シェア」をタップ。

2 タップ

キャプション　OK

ちいさなふくろうの置物がやって来ました。

1 入力

タグ付け
メッセージボタンを追加
リマインダーを追加
場所を追加

6 複数の写真が投稿される。

1 確認

⚠ Check

写真を切り替える

　写真を左右にスワイプすると、切り替えることができます。

05-08

フィルターで写真の印象を変える

Instagramアプリに内蔵されたフィルターを使う

Instagramアプリには写真のイメージに変化を付けられるフィルターが内蔵されています。サンプルから選ぶだけで、撮ったままよりも印象を強めた写真にして投稿したり、モノクロに加工して投稿したりして手軽に楽しめます。

フィルターを使う

投稿画面の「フィルター」で表示されるサンプルから選びます。

▲「Normal」：撮ったまま、選択したままの状態

▲「Moon」：コントラストが強めなモノクロ

▲「Crema」：クリーム色を強調したトーン

▲「Sierra」：周囲に影を出すレトロな写真のイメージ

05

写真や動画に工夫を加え、見栄えよくして投稿する

05-09

アプリの編集機能で写真を加工する

Instagramアプリに内蔵された加工機能を使う

Instagramアプリに内蔵された写真の加工機能で、さまざまな補正やイメージの変化を付けることができます。写真の傾きを変えたり、コントラストや色合いを調整し、より見栄えの良いイメージに仕上げられます。

写真を編集する

投稿画面の「編集」からさまざまな加工を行います。

▲投稿画面で「編集」をタップすると、加工のメニューが表示される。

▲「調整」：写真の傾きを修正する

▲「明るさ」：写真の明るさを補正する

▲「彩度」：色の鮮やかさを調整する

▲「色」：特定の色を強調する

▲「ハイライト」：明るい部分を強めたり弱めたりする

05-10

本格的な写真を撮影したくなったら

ミラーレスデジタルカメラなどで本格的な撮影にチャレンジ

最近はスマホのカメラでも十分にきれいな写真を撮れますが、さらに本格的に写真撮影に取り組むのであれば、ミラーレスデジタルカメラなどのカメラ機材を使ってみましょう。

レンズが交換できるタイプで作品作りの幅を広げる

スマホのカメラを使っていると、いつしか「もっと本格的なカメラで撮りたい」と思うようになります。スマホのカメラでも小さく高性能で持ち歩きに便利といったメリットはありますが、たとえばミラーレスデジタルカメラを使えば、スマホのカメラでは撮れないような写真も撮れるようになります。中でも、レンズを交換できる「ミラーレス一眼」などと呼ばれるタイプがおすすめです。

▲ EOS R10（キヤノン）

超広角レンズから超望遠レンズまで、さまざまなレンズを交換しながら使い分けることで、スマホでは撮れない方法で撮影できるようになります。超望遠で月を撮ったり、超広角で一面の景色を撮影したりするといったことはスマホにはできない「作品作り」です。

「写真のノウハウ」を紹介するときりがないので割愛しますが、高速で動く被写体（シャッター速度）、光のコントロール（露出）、ピントの深さ（被写界深度）など、写真のさまざまな要素を使いこなし、ミラーレス一眼でできる「絵作り」によって、無限の世界が広がります。

はじめてであればズームレンズとセットになった入門向けのカメラを、腕に自信があるならハイアマ・セミプロ向けのカメラを使って、写真の世界をフルに楽しんでください。

05

写真や動画に工夫を加え、見栄えよくして投稿する

▲ 800mmの超望遠レンズで月を撮影。

▲ 一面に広がるひまわり畑を12mmの超広角レンズで撮影。

写真を美しく加工したいときは

パソコンで写真加工アプリを使って、本格的な編集をする

撮影した写真をスマホのアプリで加工すれば簡単に仕上げられますが、パソコンで使う写真加工アプリなら、もっとじっくりと写真の加工や仕上げに取り組めるようになります。

プロが使っているような本格的な写真加工アプリを使ってみる

撮影した写真は、Instagramで投稿するときに簡単な編集ができます。さらに写真加工アプリを使えば、手軽に、撮った写真を加工できます。写真加工のアプリは数多く存在し、「きれいにする」だけではなく、「おもしろい写真」にするアプリもあって、写真の加工に興味を持ったら一度、アプリストアで検索してみるといいでしょう。「使ってみたい」と思うアプリがいろいろと見つかります。

そしてさらに一段上の写真加工を目指すなら、やはりパソコンで加工する方が本格的に取り組めます。

パソコンで使う写真加工アプリと言えば、「Adobe Photoshop」に代表されますが、比較的高価なのではじめのうちは手を出しにくいかもしれません。Photoshopは慣れてから使うことにして、もっと廉価なアプリでも、SNSに載せる用途であれば遜色なく使えるものはたくさんあります。中には無料で利用できる「フリーウェア」もあります。

パソコンを使って、「きれいに見せる」ことから「作品を作る」ところまで、写真加工のいろいろな技術を身につければ、Instagramがもっと楽しくなるでしょう。

▲アプリストアで写真加工アプリを検索すると、さまざまなアプリが見つかる。特に無料のアプリは「とりあえず試しに使ってみる」ことができるので、目的に合うアプリが見つかるかもしれない。

▶写真加工アプリの代表格「Adobe Photoshop」。サブスクリプション方式で、「フォトプラン」を使うと他のプランよりかなり割安な月額2,178円（2022年11月現在）で利用できる。
https://www.adobe.com/jp/

廉価でも本格的な写真▶加工を楽しめる「PaintShop Pro」。パソコン黎明期からの歴史あるアプリで、初心者でも安心して使える。
https://www.paintshoppro.com/jp/

◀無料アプリ（フリーウェア）では「GIMP」（ギンプ）が有名。Photoshopにも迫るほどの機能を持っている。ただし基本的には英語版しかなく（有志による日本語化プログラムを利用して日本語化することは可能）、サポートがない、バージョンアップを自分で確認するなど、自分で使い方を発見し、問題を解決できる人向け。
https://www.gimp.org/

写真や動画に工夫を加え、見栄えよくして投稿する

05-12

「グリッド投稿」で魅せる

プロフィール画面に写真を並べて大きく表示する

プロフィール画面には通常3列の写真が並びます。これを使い、3列分の大きな写真を配置することを「グリッド投稿」と呼び、とても目立つので商品紹介やファッション分野でしばしば使われています。

グリッド投稿に使うアプリをインストールする

1 アプリをインストールする。ここでは「Grid Post」をインストールする。

⚠ Check

グリッド投稿にはアプリが便利

　グリッド投稿は、1枚の写真を分割して順番に並べ、投稿します。一般的な写真加工アプリを使ってもできなくはないですが、等分したり順序を組み立てたりするのがとても面倒なので、アプリを使うと効率的にグリッド投稿ができます。

▲「グリッド投稿」は、Instagramの特徴を利用した投稿テクニックの1つ。

📓 Note

「Grid Post」

　「Grid Post」は、さまざまなパターンのグリッド投稿を簡単にできるアプリです。利用は無料ですが、操作中にはいくつかの広告が表示されます。作成したグリッド投稿に広告が埋め込まれるとったことはありません。

1 はじめにプロフィール画面を表示して、投稿数が3の倍数になっていることを確認する。

投稿数がとても重要

　グリッド投稿をするときに、すでに投稿した写真や動画の数が3の倍数になっていることを確認します。Instagramのプロフィール画面では、写真や動画が3列に表示され、新しいものが左上に追加されます。つまり、これまでの投稿が3の倍数になっていないと、マスの空いた行があるため、写真を追加したときにずれてしまいます。

2 「Grid Post」を起動する。

3 「Create Grids」をタッノ。

4 「フォトグリッド」をタップ。

写真のアクセスを許可する

　「Grid Post」をはじめて使うときは、写真へのアクセスを許可する画面が表示されますので、「すべての写真へのアクセスを許可」をタップします。

05

写真や動画に工夫を加え、見栄えよくして投稿する

5 グリッド投稿する写真をタップ。

6 グリッドの数（縦横のコマ数）を
タップして、「次」をタップ。

7 グリッド内で写真の入れ替えや重ね
る加工をしない場合は、「次」をタッ
プ。

8 フィルターを選んで、必要に応じて
文字やステッカーで加工したら「完
了」をタップ。

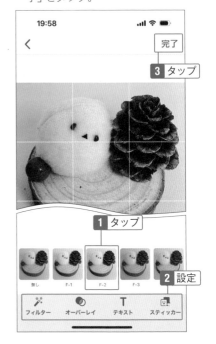

9 「1」と表示された写真をタップ。

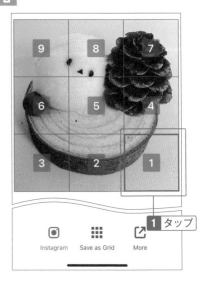

⑩ Instagramアプリに切り替わり、
「1」の写真の投稿画面が表示される
ので、そのまま投稿する。

⑪ 投稿したら画面を「Grid Post」に切
り替えて、同様に、「9」までを投稿
する。

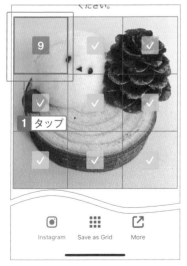

⑫ 最後まで投稿する。

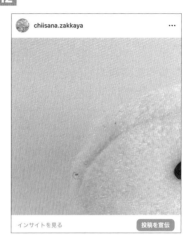

⑬ プロフィール画面を表示するとグ
リッド状に大きく写真が表示され
る。

写真や動画に工夫を加え、見栄えよくして投稿する

⚠ Check

その後の投稿に注意

　グリッド投稿をしたあと、1枚だけ写真や
動画を投稿すると、グリッド投稿がずれてし
まいます。3枚単位で投稿するなどの工夫が
必要です。

05-13

動画を撮影してその場で投稿する

目の前の出来事の臨場感を「撮って出し」で伝える

Instagramアプリに内蔵されたカメラで動画を撮影して投稿します。今まさに目の前で起きていることをすぐに投稿できるので、臨場感が伝わります。このような投稿を「撮ってすぐそのまま出す」ことから「撮って出し」と呼ぶことがあります。

Instagramのカメラ機能で動画を撮影して投稿する

1 「＋」をタップ。

2 カメラのアイコンをタップ。

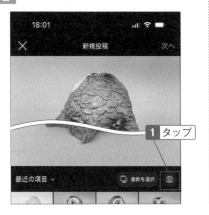

💡 Hint

スマホに保存してある動画から選んで投稿する

過去の動画やあらかじめ編集した動画などを投稿するときには、画面の下に表示される一覧から選んで投稿します。

▲スマホに保存されている写真や動画が画面の下に表示される。

3 カメラが起動するので、シャッターボタンを長押しして撮影する。長押ししている間、録画される。

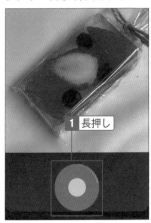

1 長押し

4 シャッターボタンから手を離して撮影を終了し、「長さ調整」をタップ。

1 タップ

5 動画の前後をドラッグして移動し、再生する長さを調整したら「完了」をタップする。

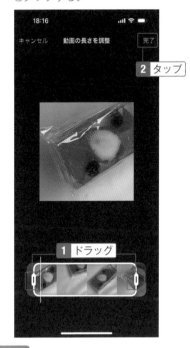

2 タップ

1 ドラッグ

6 「次へ」をタップ。

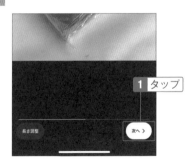

1 タップ

写真や動画に工夫を加え、見栄えよくして投稿する

「カバーを編集」をタップ。

動画の中からカバー画像を選んで「完了」をタップ。

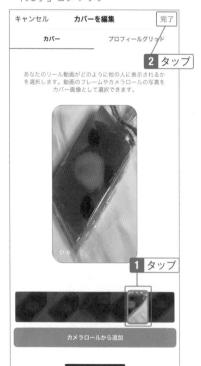

「キャプションを入力」をタップ。

キャプションを入力して「OK」をタップ。

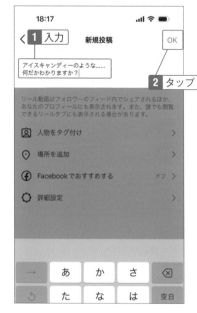

11 「シェア」をタップ。

12 動画が投稿される。

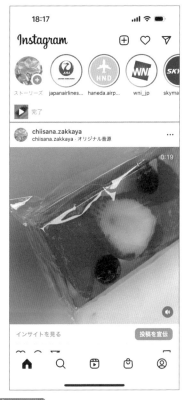

🔍 **Hint**

複数アカウントや他のSNSとの同時投稿

投稿画面には、登録している他のアカウントやSNSに同時に投稿できるスイッチが表示されています。これらをオンにすると、今ログインしているInstagramと同時に、さまざまなSNSに同時に投稿することができます。

⚠️ **Check**

リールにも投稿される

動画を投稿すると、同時にリールにも投稿されます。

05-14

Instagram アプリで動画を加工する

Instagram アプリにも動画編集機能がある

動画の編集や加工は別のアプリで行うこともありますが、Instagram アプリでも基本的な加工はできてしまいます。またスタンプなど Instagram らしい楽しさを表現できる加工もできるので活用しましょう。

アプリの投稿画面で加工する

動画を投稿する画面で、上部に表示されているメニューを使い動画を加工します。

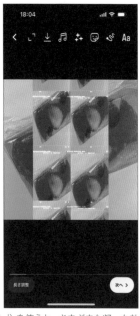

▲エフェクト（通称「キラキラエフェクト」）を使うと、さまざまな凝った効果や特殊な効果が世界中のユーザーから登録されていて、選ぶだけで利用できる。

▲スタンプを動画に貼りつける。

▲ペンを使うと動画上にフリーハ
ンドで描くことができる。

▲テキストは文字の入力に加えて
文字色やフォント、背景色など
を選べる。

05-15

本格的な動画を撮影したいときは

スマホでも工夫次第で本格的な動画になる

動画の撮影を本格的に行う場合、デジタルビデオカメラなど専用の機材を使うことになりますが、スマホのカメラでも、ライトの当て方や撮影後の編集で本格的な動画に仕上げることができます。

ミラーレス一眼なら写真と兼用できる

　撮影を本格的に行いたいと思ったら、ミラーレス一眼カメラなどを使って撮影する方法があります。最近のスマホのカメラは解像度も高く美しい映像を撮影できますが、ミラーレス一眼カメラなどであれば、より高機能で高度な撮影を楽しめます。

　たとえば被写体やシーンによって広角レンズや望遠レンズを使い分け、幅広い映像の表現ができます。また、ズームレンズを使えば、1つの映像の中で画角を変えながらの撮影もできます。さらにレンズの絞りを調整し背景をきれいにぼかして撮影する、高速で動く被写体にピントを追従させて撮影するといったさまざまな「絵づくり」はスマホのカメラでは難しく、ミラーレス一眼カメラならではの撮影と言えるでしょう。

　このようなテクニックをスマホだけで行うのは難しく、本格的なカメラならではの撮影と言えます。
　「動画だけしか撮らない」のであれば、動画撮影用のビデオカメラを使えば、動画撮影に適したズーム機能や長時間の撮影などがより楽しめますが、SNSで使うのであれば、ミラーレス一眼カメラのような写真を撮影するカメラで動画も撮影する方が、普段から持ち歩いて便利に使えるでしょう。また、Vlog（ブイログ＝動画を中心としたブログ）のような撮影に向く小型のカメラもあり、動きのある動画や自分の目線を記録するような撮影ができます。

◀ミラーレス一眼カメラでも動画を撮影できる。入門者向けの機種でも本格的な動画撮影を楽しめる。
（EOS R50　キヤノン）

◀小型・軽量でVlog撮影を快適
に行える機種もある
DC-G100（パナソニック）

スタビライザーを使う

　動画を撮影するときに便利な機材で、「スタビライザー」というものがあります。これは動画撮影時の「ブレ」を防止するもので、スマホを持って動画を撮影したときにどうしても気になる画面の「揺れ」をなくします。

　スタビライザーを内蔵したカメラもありますが、スマホを取り付けるタイプのものもあり、さらにズームやパン（画面を上下に動かす動作）、カメラの向きを変え自撮りモードなども手元の操作でスムーズにできるなど、本格的な動画撮影ができるようになる機能を搭載する機種もあります。

　動画の「揺れ」がなくなるだけで、プロが撮ったような動画に近づき、見違えます。特に歩きながらの撮影のような、撮影側が動く場合において有効で、動画撮影がより楽しくなるでしょう。

◀▲スマホ専用のスタビライザーを使うと、動画の品質が圧倒
的に向上する。
Osmo Mobile 6（DJI）

写真や動画に工夫を加え、見栄えよくして投稿する

05-16

動画を本格的に編集したいときは

プロ並みの仕上がりを目指すなら、パソコンの動画編集アプリを使う

動画を編集して凝った映像にするには、パソコンの動画編集アプリを使うのが近道です。スマホのアプリでも手軽に本格的な動画を作れますが、動画編集の技術を身につけたい場合にはパソコンのアプリがおすすめです。

プロも使う本格的なアプリで動画を編集する

　スマホのアプリを使った動画の編集は手軽ですが、限界があります。スマホのアプリの多くは、「基本的にテンプレートを使ってはめ込んでいく」ものが多く、その範囲ではきれいな編集ができるのですが、完全に自分の思うようなものがあるとは限りません。

　もう1つは操作性の限界です。スマホでは小さな画面を指先で操作しながら作業するので、細かいことができません。タブレットを使っても、指先の操作には限界があります。

　これらの点で、「自分が思うように、細かいところまで」編集するならパソコンのアプリを使うほうが有利です。

　ただし、「細かくできる」分、操作は複雑です。作業の時間もかかるので、「手軽に動画を作って楽しむ」ならアプリでも十分でしょう。一方で、プロ並みを目指す動画を作りたいという意欲があるなら、ぜひ挑戦してみてください。

▲パソコンの動画編集でよく知られる「Adobe Premiere Pro」。パソコンの動画編集アプリはおおむね、「タイムライン」と呼ばれる時間軸上にさまざまな要素を配置していくことで動画を仕上げる。

24時間公開の「ストーリーズ」を効果的に使う

「ストーリーズ」では、短い動画を「24時間だけ」公開します。静止画像の投稿もできます。フィードへの投稿は削除しない限り残され、他のユーザーがいつでも見ることができますが、「ストーリーズ」は24時間経過後に非公開となり、見ることができなくなります。

「フィードに残すほどではないけれど、フォロワーに見せたい」。そんなときには手軽に「ストーリーズ」に投稿してみましょう。

06-01

ストーリーズとは

写真や短時間の動画を24時間だけ公開する

「ストーリーズ」はInstagramの中で「24時間だけ公開する」機能を持つ投稿方法です。24時間が過ぎると自動的に消えるので、「ずっと残しておくほどのものではない」ような手軽な投稿を楽しめます。

ずっと残しておきたい投稿と使い分けよう

「ストーリーズ」に投稿すると、24時間だけ公開されます。24時間が過ぎると消去され、他のユーザーはたとえフォロワーであっても見ることはできなくなります。

Instagramに通常の投稿方法で写真や動画を公開すると、自分で削除しない限りはずっと残ります。そのためアルバムに写真を貼っていくように、ずっと残しておきたいものの投稿に向いています。一方で、ずっと残しておきたい投稿をする機会がそれほど多くない人もいます。「もっと手軽に、今の気分で投稿したい」。そんな使い方のニーズに応えるのが「ストーリーズ」です。　たとえば、今、目の前に見える景色をちょっと見せてみたいとか、今の気分をTwitterでつぶやくように公開したい、そんなときに「ストーリーズ」が向いています。Instagramは写真や動画をメインにしますので、文字だけのメッセージよりも楽しい投稿を作り出すことができます。

ストーリーズには、写真も動画も投稿できます。写真の場合、静止画として7秒ほど表示されます。動画の場合は1本につき最大15秒の動画を、1回の投稿で最大4本まで連続して投稿できます。

ストーリーズを投稿すると、フォロワーの画面にアイコンが表示され、ストーリーズが更新されたことがわかります。その点でも、ストーリーズは特にフォロワーに向けて「今を伝えたい」といった投稿をする場所とも言えます。

▲ストーリーズでは写真や動画に簡単な加工を施して24時間だけ公開する。

ストーリーズ

ストーリーズ

ストーリーズ

▲ストーリーズが公開されるとアイコンの周囲に縁取りが表示され、投稿されたことがわかる。左から「投稿なし」「投稿あり・未読」「投稿あり・既読」となる。

06-02

ストーリーズを投稿する

文字を追加すれば、さらに楽しい投稿になる

ストーリーズは、スマホに保存した写真や動画を投稿することも、その場で撮影して投稿することもできます。投稿時に文字を入れるとイメージや気持ちも伝わり、またビジュアルにも楽しい写真や映像を作れます。

その場で撮影して投稿する

1 ストーリーズのアイコンをタップ。

2 投稿する写真や動画をタップ。

⚠ **Check**

写真や動画はあらかじめ撮影しておく

ストーリーズに投稿する写真や動画はあらかじめ用意しておきます。撮影と同時に投稿する場合は、「+」をタップして投稿画面でカメラを起動し、下部の「ストーリーズ」をタップします。

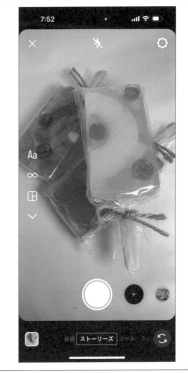

24時間公開の「ストーリーズ」を効果的に使う

123

3 フィルターや文字の追加などの加工（126ページのHint参照）を行い、「ストーリーズ」をタップ。

1 タップ

🔍 **Hint**

フィルターで印象を変える

　ストーリーズを作成する画面で、写真を左右にスワイプするとフィルターが変わり、色合いなどに変化を付けられます。

⚠️ **Check**

キャプションを写真に貼り込む

　ストーリーズは、画面上で作成する写真や動画だけが投稿されます。Instagramの投稿のように、文章（キャプション）を別に入力できませんので、文章で伝えたいことは画面の中に直接書き込みます。

⚠️ **Check**

「親しい友達」だけに公開する

　ストーリーズは、「親しい友達」だけに公開できます。「親しい友達」をタップすると、「親しい友達」（SECTION06-13参照）に登録したユーザーだけに公開され、他のユーザーは見ることができません。

4 ストーリーズが公開され、アイコンに縁取りが付く。

1 確認

5 アイコンをタップするとストーリーズが再生される。

Hint

投稿先を選択する

ストーリーズの作成画面で、「<」をタップすると、シェアする相手を選択できます。加工した写真や動画をダイレクトメッセージで送ることができます。

Hint

複数のストーリーズを投稿する

ストーリーズは複数投稿できます。複数のストーリーズを投稿すると、画面上部のバーがストーリーズの数だけ表示され、再生状況がわかります。

Hint

動画を撮影して投稿する

動画を撮影して投稿するときは、シャッターボタンを長押しするか「ハンズフリー」（次ページのCheck参照）を使います。ストーリーズに投稿できる動画の長さは1本15秒、1回に4本（合計60秒）までです。撮影時間が15秒を超える場合、複数の動画に分割して投稿されます。

Check

ストーリーズの画面は縦長

Instagramの投稿は正方形が基本ですが、ストーリーズはスマホの画面に合わせた「縦長」が基本です。横長で撮影した写真を使う場合、上下に写真のイメージに合わせた色の余白が追加されます。

ストーリーズのカメラ画面でできること

❶**作成する**：文字だけのストーリーズを作成する（撮影した写真や動画に文字を貼りつける場合は、撮影後に操作する）
❷**ブーメラン**：正方向の再生と逆方向の再生を繰り返すような動画を撮影する
❸**レイアウト**：複数の写真を1枚に組み合わせる
❹**ハンズフリー**：シャッターボタンをタップして録画を開始、もう一度タップして録画を終了する（長押しする必要がない）
❺**デュアル**：スマホのアウトカメラ（背面カメラ）とインカメラ（前面カメラ）を同時に撮影する

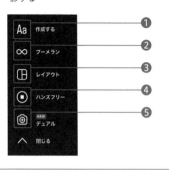

ストーリーズの装飾

ストーリーズに投稿する写真や動画には、選んだ写真や動画でもその場で撮影する場合でも文字を貼りつけたりスタンプを貼りつけたりといった装飾ができます。

❶**音のオン・オフ（動画のみ）**：動画に収録されている音声のオン・オフを切り替える
❷**文字**：文字を入力する
❸**アイテム**：スタンプなどのさまざまなアイテムを追加する
❹**エフェクト**：さまざまな効果を加える
❺**落書き**：手書きで書きこむ
❻**保存**：現在の状態を保存する

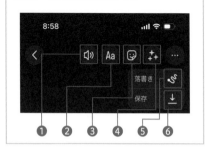

投稿した画像や動画は保存される

ストーリーズに投稿した画像や動画は、スマホのアルバムにも保存されます。保存した画像や動画を使って再度投稿したり、別のSNSに投稿するといったこともできます。保存されない場合は、ストーリーズの画面で右下の「…」（その他）をタップして、「ストーリーズ設定」を表示し、「ストーリーズをカメラロールに保存」をオンにします。

▲ストーリーズに投稿した画像や動画は、スマホのアルバムの「Instagram」フォルダーに保存される。

▲ストーリーズに投稿した画像や動画が保存されない場合、ストーリーズ設定で保存をオンにする。また、保存したくないときはオフにする。

06-03

ストーリーズを追加で投稿する

ストーリーズの投稿は100まで追加できる

ストーリーズは、すでに投稿があっても追加できます。100を超えると古いものから削除されますが、現実的には100も投稿する機会はめったにありませんので、制限を考える必要はなく、思いついたときに手軽に投稿しましょう。

さらにストーリーズを投稿する

1 ストーリーズのアイコンを長押しする。

▲ Check

アイコンで見分ける

すでにストーリーズに投稿がある場合、アイコンに縁取りが付きます。

2 「ストーリーズに追加」をタップして、ストーリーズを作成し、投稿する。

💡 Hint

再生画面から追加する

ストーリーズの再生画面で、左上のアイコンをタップするとストーリーズを追加できます。

06-04

ストーリーズに文字を追加する

キャプションを書けないので、画像に文字を貼り付ける

ストーリーズには、通常の投稿のような「キャプション」を付けることができません。その代わりに、写真や動画に文字を貼り付けてメッセージを届けます。いくつかのパターンから選ぶだけで簡単に文字を合成できます。

文字を貼り付けてストーリーズを投稿する

1 撮影したりスマホに保存したデータなどから、ストーリーズに使う写真や動画を表示する。続いて「Aa」をタップ。

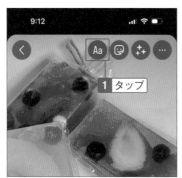

2 文字を入力する。

3 スライダーをドラッグすると文字の拡大・縮小ができる。また、フォントの変更もイメージを確認しながらできる。

⚠ Check

ピンチで拡大・縮小する

文字をピンチイン（アウト）しても、文字の拡大・縮小ができます。

4 背景のアイコンをタップすると、文字に背景を付けられる。ワイプのアイコンでは、文字が現れるアニメーションを付けられる。

5 色のアイコンをタップすると、色を変えられる。

6 ドラッグして位置や向きを変えられる。完成したら「ストーリーズ」をタップ。

7 ストーリーズに投稿される。

06-05

ストーリーズに情報を追加する

場所や時間などもストーリーズに貼り付けられる

ストーリーズには、文字を貼り付けるだけではなく、場所や時間などの情報も貼り付けられます。アイコンやイラストのようにデザインされているので、ポップな写真を作ったり、イラストで飾ったりできます。

位置情報や質問BOXを追加する

1 撮影したりスマホに保存したデータなどから、ストーリーズに使う写真や動画を表示する。続いて「アイテム」をタップ。

2 追加するアイテムをタップ。

⚠ Check

さまざまなアイテムがある

ストーリーズに追加できる情報をはじめとしたアイテムは数多く、カウントダウン時計を表示したり、アンケートを取ったりするような動きのあるアイテムもあります。

3 ハッシュタグを追加する場合、手順2で「#ハッシュタグ」をタップしてハッシュタグのキーワードを入力する。

⚠ Check

位置情報を使うときの注意

位置情報を貼り付けるときには、自宅などがわからないような配慮が必要です。また、リアルタイムで自分がいる場所を貼り付けてしまうと、誰かに付きまとわれる、自宅が留守であることがわかり空き巣に遭うといった被害を受ける可能性もありますので、十分に注意して使いましょう。ストーリーズの位置情報は、過去に外出したときにいた場所で「〇〇に行ってきました」といったメッセージに利用します。

4 ハッシュタグが画面に貼り付けられる。タップすると色を変えられる。

1 タップ

6 ストーリーズに投稿される。

5 他のアイテムや文字などを追加してストーリーズを完成させ、「ストーリーズ」をタップ。

1 タップ

⚠ Check

アイテムを移動する

　貼り付けたアイテムをドラッグすると、位置を移動できます。

💡 Hint

ストーリーズの質問BOX

　ストーリーズに質問BOXを貼り付けると、ユーザーからの質問やコメントを集めることができます。届いた回答を見るには、質問のストーリーズの画面で、画面を下から上にスワイプします。

⚠ Check

アイテムを削除する

　アイテムを削除するときには、アイテムを長押ししてドラッグすると表示されるごみ箱のアイコンにドロップします。

06-06

投稿したストーリーズを削除する

24時間経つ前に削除したいときに。24時間以内なら復元可能

ストーリーズは24時間で削除されますが、何らかの理由がありすぐに削除すれば、その時点で公開も停止されます。削除したストーリーズは復元もできるので、一時的に公開を止めたいときにも利用できます。

ストーリーズを削除する

1 ストーリーズの表示中に「…」(その他) をタップ。

⚠ Check

削除したストーリーズを復元する

削除したストーリーズは、24時間以内であれば復元できます。復元方法は削除した投稿を復元する方法と同じで、SECTION05-04を参照してください。なおアーカイブして保存したストーリーズであれば、投稿と同じように削除後30日以内は復元が可能となります。

2 「削除」をタップ。

3 「削除」をタップ。

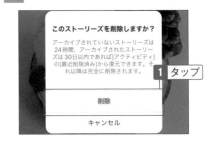

自分や他のユーザーの
ストーリーズを見る

ストーリーズの投稿の有無や、見たかどうかはアイコンでわかる

ストーリーズを投稿しているユーザーは、Instagramアプリの画面上部に縁取りのついたアイコンが表示されます（SECTION06-01参照）。自分が投稿している場合も同様に表示されます。ストーリーズを見るには、アイコンをタップするだけです。

ストーリーズを表示する

1 ストーリーズを表示するユーザーのアイコンをタップ。

⚠ Check

次のストーリーズに進む

　複数のストーリーズが投稿されている場合、1つのストーリーズの表示が終われば次のストーリーズに切り替わります。表示が終わる前なら、画面の右側をタップすると次のストーリーズに進み、左側をタップすると1つ前のストーリーズに戻ります。また、表示しているユーザーのストーリーズをすべて表示すると、次にストーリーズを投稿しているユーザーのストーリーズを表示します。

2 ストーリーズが表示される。

⚠ Check

ストーリーズの表示を終了する

　画面右上の「×」をタップすると、ストーリーズの表示を中断し、終了します。

06

24時間公開の「ストーリーズ」を効果的に使う

06-08

自分のストーリーズを見た人を確認する

ストーリーズには「足あと」機能がある

ストーリーズは、誰が見たかわかります。通常の投稿は「いいね！」やコメントがない限り誰が見たかわかりませんが、ストーリーズには公開中に見たユーザーを確認できる「足あと」機能があります。

ストーリーズの足あとを確認する

1 自分のストーリーズのアイコンをタップ。

2 ストーリーズの表示画面で左下に表示される、見たユーザーのアイコンをタップ。

3 ストーリーズを見たユーザーが表示される。

🎾 Hint

ストーリーズを切り替える

複数のストーリーズを表示している場合、手順3の画面上部でストーリーズをタップすると、足あとを表示するストーリーズを切り替えられます。

⚠ Check

足あとを見られるのは自分のストーリーズだけ

足あとを見られるのは、自分が投稿したストーリーズだけです。他のユーザーのストーリーズで足あとを見ることはできません。

06-09

過去のストーリーズを見る

保存された自分のストーリーズは、24時間過ぎた後でも見られる

投稿したストーリーズは自分の「アーカイブ」として保存されています。アーカイブは「書庫」のようなもので、投稿者であればいつでも見ることができ、過去に投稿したストーリーズを振り返ることができます。

ストーリーズのアーカイブを見る

1 プロフィール画面で「≡」（メニュー）をタップし、「アーカイブ」をタップ。

2 過去に投稿したストーリーズの一覧が表示される。

3 一覧でストーリーズをタップすると表示・再生される。

⚠️ **Check**

過去のストーリーズを削除、投稿する

　ストーリーズを表示中（手順3の画面）に、右下の「…」（その他）をタップすると、ストーリーズをアーカイブから削除したり、Instagramの通常の投稿に利用したりできます。

自動アーカイブをしない

　ストーリーズは自動的にアーカイブに保存されますが、アーカイブの画面で「…」(メニュー) →「設定」をタップし、「ストーリーズをアーカイブに保存」をオフにすると、保存されなくなります。特に残す必要がない場合など、ストーリーズを保存したくないときにはオフにしてください。

　なおオフにした場合でも、ストーリーズの再生画面から保存できますので、残しておきたいものだけ保存しておくこともできます。(SECTION06-10参照)

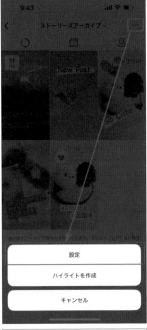

カレンダーの履歴、位置情報で表示する

　アーカイブの表示画面では、ストーリーズを投稿した日のカレンダーで表示したり、位置情報を貼り付けたストーリーズを地図から探したりすることができます。

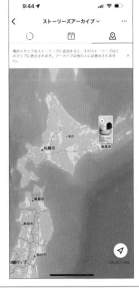

06-10

ストーリーズをデータで保存しておく

うまく加工できたストーリーズを保存しておけば、後日再投稿もできる

文字やスタンプで加工したストーリーズの動画や画像を、スマホの写真アプリに保存できます。「せっかく作った傑作」を保存しておきたいと思う場面だけでなく、保存しておくと後日再度、同じ動画や画像をストーリーズに投稿することもできます。

ストーリーズをスマホの写真アプリに保存する

1 ストーリーズを表示して、「…」（その他）をタップ。

2 「保存」をタップ。

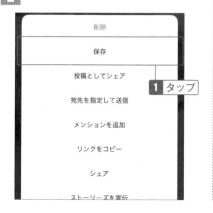

3 「写真を保存」をタップすると、スマホのアルバムに保存される。

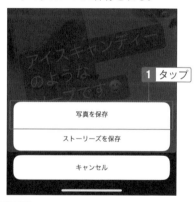

🔍 Hint

ストーリーズとして保存する

手順3で「ストーリーズを保存」をタップすると、アーカイブにストーリーズのまま保存できます。通常、ストーリーズは24時間が過ぎると自動的にアーカイブに保存されるので、保存する操作は不要ですが、自動保存にしていない場合に、個別に保存しておくことができます。

🔍 Hint

アーカイブのストーリーズから写真を保存する

アーカイブのストーリーズでも、ストーリーズを表示した画面から同じように写真アプリに保存できます。

06-11

投稿したストーリーズをまとめてハイライトを作る

ハイライトなら24時間過ぎた後も再公開できる

自分が投稿したストーリーズをまとめて「ハイライト」として公開できます。ハイライトはストーリーズをテーマ別に分類して公開する機能で、24時間過ぎて公開されなくなったストーリーズも、ハイライトにすれば再公開できます。

ハイライトを新規作成する

1 ストーリーズを表示して、「ハイライト」をタップ。

2 ハイライトのタイトルを入力して「追加」をタップ。

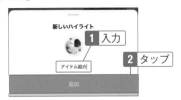

3 ハイライトが作成される。

4 プロフィール画面にハイライトが表示される。

1 ストーリーズを表示して、「ハイライト」をタップ。

1 タップ

2 追加するハイライトをタップ。

ハイライトに追加

+
新規　アイテム紹介

1 タップ

キャンセル

3 ストーリーズがハイライトに追加される。

アイテム紹介に追加されました

1 確認

💡 **Hint**

アーカイブからハイライトを作成する

ストーリーズのアーカイブからハイライトを作成するときは、アーカイブを表示して、「ハイライト」をタップします。

11月11日 23:10

New Post

シェア　ハイライト　その他

06

24時間公開の「ストーリーズ」を効果的に使う

ハイライトを編集する

1 ハイライトを表示して、「…」(その
他) をタップ。

2 「ハイライトを編集」をタップ。

⚠ Check

ハイライトから削除する

手順2のメニューで「ハイライトから削除」
をタップすると、表示しているストーリーズを
ハイライトから削除します。

3 ハイライトを編集し、「完了」をタッ
プ。

💡 Hint

ハイライトの編集

ハイライトの編集では、カバー画像の変更、
調整や、名前の編集、登録しているストーリー
ズの追加、削除ができます。

06-12

ストーリーズのシェアを許可しない

投稿やストーリーズをむやみに拡散してほしくないときに

投稿やストーリーズは、フォロワーがシェアすることで、フォロワーのフォロワーに広がります。しかしプライベートや狭い範囲で使いたいときに、シェアを許可しない設定にできます。

シェアの設定を変更する

1 アーカイブ（SECTION06-09）の画面で「…」（メニュー）をタップ。

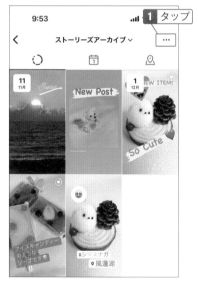

2 「設定」をタップ。

3 「シェア」をオフにする。

シェアできなくなる範囲

「ストーリーズへの再シェアを許可する」は、自分が投稿した写真や動画を、他のユーザーが自身のストーリーズに追加することを許可・不許可にします。また、「メッセージとしてシェアすることを許可」では、自分が投稿したストーリーズを、他のユーザーがメッセージでシェアすることを許可・不許可にします。

投稿もストーリーズも、基本的には公開されるものなので、一般的な引用・拡散のように、誰かが他のSNSで紹介するといったことまでを不許可にすることはできません。

06

24時間公開の「ストーリーズ」を効果的に使う

141

06-13

ストーリーズを見られる
ユーザーを限定する

「親しい友達」に分類される人の中でも、さらに範囲を絞りたいときに

ストーリーズは、特に設定しなければ原則的にフォロワーすべてに公開されます。「親し
い友達」を使うことで、公開範囲を絞ることができますが、フォロワーを選択して公開範
囲を限定することもできます。

「ストーリーズを表示しない人」を指定する

1 プロフィール画面で「≡」(メ
ニュー) をタップ。

2 「設定」をタップ。

3 「プライバシー設定」をタップ。

4 「ストーリーズ」をタップ。

5 「ストーリーズを表示しない人」を
タップ。

Check

ライブ配信も見られない

「ストーリーズを表示しない人」に設定する
と、そのユーザーは自分のライブ配信（インス
タライブ）も表示されなくなります。

6 ストーリーズを表示しない人をタッ
プしてチェックをオンにし、「完了」
をタップ。

Check

「オン」にすると「見られない」

「ストーリーズを表示しない人」の設定を「オ
ン」にしたユーザーが、自分のストーリーズを
見られなくなります。「オン」で「見られる」で
はありませんので注意してください。

7 「ストーリーズを表示しない人」が設
定され、人数が表示される。

06-14

親しい友達を登録する

ストーリーズの公開範囲を限定できる

フォローしているユーザーの中で、特にお互いの知人などを「親しい友達」に登録しておくと、ストーリーズなどで親しい友達だけに公開できるようになります。

フォロー中のユーザーを親しい友達に登録する

1 プロフィールを表示して右上の「≡」（メニュー）をタップし、「親しい友達」をタップ。

2 表示されているユーザーの中で、親しい友達に追加するユーザーをタップしチェックをオンにしたら、「完了」をタップすると、親しい友達に登録される。

🔎 Hint

親しい友達に登録したユーザーを確認したいとき

親しい友達に登録したユーザーは、親しい友達を登録するときと同じ操作で、ユーザーを表示します。

🔎 Hint

ストーリーズで確認する

ストーリーズを親しい友達に公開すると、ストーリーズの再生画面右上に「★」と公開人数が表示されます。「★」をタップすると親しい友達の登録画面に切り替わります。

「リール」で音楽に合わせた
楽しい動画を公開する

Instagramの新しい楽しみ方「リール」では90秒以内の短い
動画を撮影し、公開します。「短い動画」は「ストーリーズ」と
同じですが、「リール」では音楽を付けたり、さまざまなエフェ
クトを使って「見て楽しい動画」を撮影できます。

リールの公開は原則、全世界を対象にしていますので、「世界
のどこかで自分の動画がバズっている」といったことも起こり
えます。もちろん、世界中のユーザーが投稿したリールを楽し
むこともできます。

リールとは

音楽に乗せた動画で楽しむ、TikTokのような機能

「リール」は2020年に正式に公開された、Instagramの中で新しい機能になります。Tik Tokに似ていて、音楽やリズムに合わせた90秒以内の短い動画を投稿し、共有してユーザー同士で楽しみます。

リールは交流しながら楽しむ

　「リール」では、90秒以内の動画を撮影し、投稿します。動画を撮影するときに、音楽を加えたり、ARエフェクトと呼ばれる画面合成の効果を入れたりして、ユニークな動画を作ることができます。

　「音楽に合わせた短い動画の投稿」といえば「TikTok」が知られていますが、リールはTikTokのInstagram版と考えてもよいでしょう。

　ストーリーズでも短い動画を投稿できますが、リールはより広い交流ができる特徴があります。ストーリーズは基本的にフォロワーに向けた公開になりますが、リールはフォロワー以外のユーザーにも公開され、より多くのユーザーが見る機会があります。実際にリールの「発見」を開くと、世界中のユーザーのリールが表示され、「いいね！」やコメントで交流が広がっていることがわかります。

　また、リールにはあらかじめ簡単にユニークな動画を作れる機能が用意されていることも特徴です。BGMとして使える音楽には、ヒット曲もあります。ARエフェクトは自分の顔をまったく違うイメージに変えたり、スタンプや文字を追加したりすることもできます。

　BGMを付けるだけでも動画は楽しくなります。簡単な動画を撮影して、まずは一度、投稿してみましょう。その手軽さと楽しさがわかるでしょう。

▲リールはスマホ画面いっぱいに表示される短い「動画作品」。

▲さまざまな音楽をBGMにしたり、文字やエフェクトを使ったりして動画作成を楽しめる。

リールを投稿する

90秒以内で撮影する。投稿時にキャプションも入れられる

リールを投稿するときに撮影する動画は、90秒以内に決められています。短い動画なので、撮影前にどうやって映すか、どんな動画にするか、だいたいのイメージを描いておくと、スムーズに撮影できます。

リール用の動画を撮影する

1 「リール」をタップ。

1 タップ

2 カメラアイコンをタップ。

1 タップ

3 「音楽」をタップ。

1 タップ

⚠ **Check**

誰かのリールが再生される

「リール」をタップすると、比較的最近投稿された他のユーザーのリールが再生されます。

💡 **Hint**

投稿画面からリールに切り替える

投稿画面から「リール」を選択しても、リールの撮影ができます。

4 検索ボックスにキーワードを入力し、検索結果からBGMに使う音楽をタップ。

2 タップ

Q オルゴール **1 入力** × キャンセル

星に願いを (ディズニー映画『ピノキオ…
赤ちゃんのためのリラックス・オルゴー…

笑顔
α波オルゴール・リール動画9.2万件・4:…

星に願いを (Orgel ver.)
α Healing・リール動画4万件・4:09

いつか王子様が (白雪姫)
西脇睦宏・リール動画1,716件・2:52

We Wish You A Merry Christmas
α波オルゴール・リール動画9,929件…

⚠️ **Check**

著作権は問題ない

　リールで検索できる音楽には、よく知られたヒット曲などもあります。通常の投稿では著作権が問題となりますが、リールで検索される音楽をリールで使う場合はInstagramで著作権の問題をクリアしているので利用できます。

5 音楽の中で使う部分をドラッグして調整し、再生部分が決まったら「完了」をタップ。

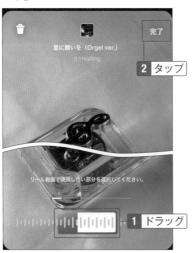

🗑️ 完了

星に願いを (Orgel ver.)
α Healing

2 タップ

リール動画で使用したい部分を選択してください。

1 ドラッグ

⚠️ **Check**

その他の機能

❶音楽を選択する
❷エフェクトを追加する
❸録画時間を切り替える
❹再生速度を変更する
❺レイアウトを変更する
❻録画開始のカウントダウンタイマーを使う

6 録画ボタンをタップ。

1 タップ

ストーリーズ **リール** ライブ

7 録画が終了したら「停止」ボタンをタップ。

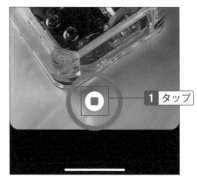

1 タップ

8 「次へ」をタップ。

1 タップ
次へ >

9 録画した動画を確認して、「次へ」をタップ。

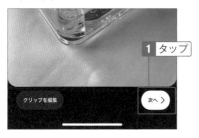

1 タップ
クリップを編集　次へ >

10 キャプションを入力して「シェア」をタップ。

14:20

< 新しいリール動画

1 入力
カバーを編集

オルゴール「星に願いを」

2 タップ
リールでシェア

下書きを保存　シェア

Hint

カバー画像を変える

手順10でカバー画像をタップすると、カバー画像を変えることができます。カバー画像は、録画した動画の任意の部分を切り取ります。

11 リールが投稿される。

14:20

リール

chiisana.zakkaya
オルゴール「星に願いを」
♪ α Healing · 星に願いを（Orgel ver.）

Hint

「いいね！」やコメントもできる

リールには、他の投稿と同じように「いいね！」やコメントを送って楽しむことができます。

chiisana.zakkaya
オルゴール「星に願いを」
いいね！: tabinome、他1人
♪ α Healing · 星に願いを（Orgel ver.）

07

「リール」で音楽に合わせた楽しい動画を公開する

149

07-03

公開されているリールを見る

世界中のユーザーのリールで楽しむ。お気に入りの1本に出会えるかも

リールは世界中に公開されます。友達やフォローしているユーザーのリールを見ることもできますが、世界中で投稿されている無数のリールの中から偶然出会うことも楽しみ方の1つです。

リールをランダムで見る

1 「リール」をタップ。

2 リールが再生される。

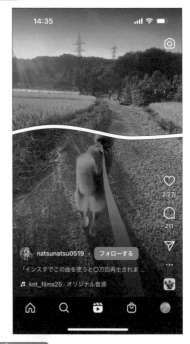

⚠ Check

リール再生中のメニュー

　他のユーザーのリールの再生中に「…」(メニュー) をタップして、保存やシェアができます。また、「興味なし」をタップすると、同じようなリールの表示が減り、少しずつ好みのリールが再生されるようになります。

⚠ Check

何が出てくるかわからない

　リールはランダムに表示されます。使っているうちに、自分に興味のありそうな内容のリールを学習し、少しずつ好みのリールが再生されるようになります。

3 上にスワイプすると、次のリールを再生する。下にスワイプすると、1つ前に再生していたリールを表示する。

> ⚠ **Check**
>
> **ランダムに切り替える**
> 「リール」をタップすると、ランダムに次のリールが表示されます。

特定のユーザーのリールを見る

1 プロフィール画面で「リール」をタップ。

2 ユーザーが投稿したリールが表示される。

3 タップすると再生される。

> ⚠ **Check**
>
> **自分のリールも同じ**
> 自分のリールを見るときも、プロフィール画面から表示します。

07-04

リールにコメントを投稿する

より広いユーザーに伝わるコメントで、積極的なコミュニケーションで参加

リールは多くのユーザーが絶え間なく投稿しています。その投稿がランダムに表示されるのは、いわば一期一会の機会です。コメントは、これまでにない交流範囲で新しいコミュニケーションが生まれます。

リールにコメントを送る

1 リールを再生して、「コメント」をタップ。

A Check

コメントがすでにある場合

投稿するリールにすでに他のユーザーのコメントが投稿されている場合、コメントが表示されます。自分で投稿したコメントも同様に公開されます。

2 コメントを入力して「投稿する」をタップ。

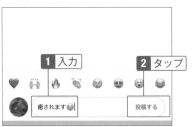

3 コメントが投稿され、リールの画面に「コメント」に投稿されているコメントの数が表示される。

Hint

コメントに返信する

コメントの「返信する」（次ページの手順2参照）をタップすると、コメントに対する返信を投稿できます。返信も公開されます。

07-05

リールのコメントを見る

全ユーザーにランダムに表示されるリールなら世界中からコメントが届く

普段の投稿は主にフォロワーが見る機会が多いですが、リールは誰に見られるかわかりません。海外のユーザーから思わぬコメントが届くこともあります。より広い範囲でのコミュニケーションが可能です。

コメントを表示する

1 リールを再生して、「コメント」を
タップ。

2 コメントが表示される。

🔍 Hint

並び順を変更する

コメントは初期状態で「新しい順」に表示されます。コメントを表示して「新しい順」をタップすると「トップコメント」を上位に表示できます。「トップコメント」は、コメントに対する「いいね！」や返信が多いなど、注目されているコメントです。

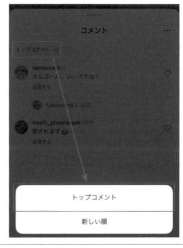

「リール」で音楽に合わせた楽しい動画を公開する

リールのユーザーをフォローする

再度見られるかわからないので、気に入ったらフォローしよう

リールはランダムに表示されるため、そのままでは同じユーザーと再び出会うことがないかもしれません。そこで好みのリールを投稿しているユーザーはフォローして、いつでも見られるようにします。

リールからユーザーをフォローする

1 リールを表示して「フォローする」をタップ。

2 フォローした状態になる。

⚠ Check

リールだけのフォローではない

リールからユーザーをフォローした場合も、投稿やプロフィール画面からフォローしたときと同じように「そのユーザーをフォローする」状態になります。リールだけをフォローする状態ではありません。

⚠ Check

すでにフォローしているユーザーの場合

すでにフォローしているユーザーのリールを再生したときには、「フォローする」は表示されません。

楽しいリール動画を作るテクニック

アプリを使ってあらかじめ動画を作っておこう

リールはその場で撮影して投稿することもできますが、いわば「ぶっつけ本番」で楽しい
動画を作るのはなかなか難しいかもしれません。そこで事前にアプリなどを使い動画の
編集をしましょう。

リールのテンポを考える

　他のユーザーのリールを見ると、楽しい動画で
溢れていることを感じるかもしれません。「こんな
動画を作るのは難しい」と思ってしまうかもしれ
ません。しかし、動画を見ていると、いくつかの共
通点に気づき、その傾向を覚えると、意外と手軽に
楽しい動画を作れるようになります。

　その共通点は「テンポ」です。リールの動画には
大きく分けて２つのテンポがあり、１つはとにか
く速め、もう１つは逆にゆっくりめに流れる動画
です。言い換えれば、普通に撮影したままのような
動画は少ないのです。

　さらに、どちらかと言えば速めのテンポの動画
が圧倒的に多いことに気づきます。軽快なテンポ
の曲が流れ、人の動きも早回し、ナレーションも早
口になっている動画が多く、もしこれがテレビ番
組などであれば速すぎて理解できないような動画
かもしれません。しかしリールでは、そんな動画が
楽しい動画になるのです。

　リールは限られた時間に情報を含めるため、ど
うしても詰め込みがちです。そして詰め込むため
には、軽快なテンポが重要になります。

　もう１つのゆっくりめな動画は、速いテンポの
動画の中で突然現れると一瞬、時が止まったよう
な体験をします。その結果、目に留まる、という効
果があります。

▲リールには速いテンポの動画が多い。
次々と画面が切り替わる動画も多く、
「じっくりと見る」というよりは「軽い気
持ちで眺める」ことに向くことを考えて
作る。

07

「リール」で音楽に合わせた楽しい動画を公開する

　では、そのような動画をどう作ればよいのでしょうか。今、スマホ用の動画編集アプリが充実していますので、アプリを使ってみましょう。アプリには、一般的なパソコン用の動画編集アプリとは違い、SNS向きのレイアウトやテンプレート、素材があらかじめ用意されていて、選んでいくだけで簡単に楽しい動画を作れるという特徴があります。

　特にInstagramでは、ストーリーズやリールといった短い動画の投稿が広いユーザーに支持されているため、Instagram向きのアプリも多く存在します。多くは無料ではじめられ、必要に応じてアイテムを購入したり、サブスクリプション形式の有料プランに申し込んで追加の機能を取得したりするというものですので、まずは使ってみて、自分の好みのアプリを見つけてみてください。

　また、多くのリール動画を見るとわかるのですが、意外と「写真を組み合わせた」動画もあります。動画の撮影が苦手でも、撮影した写真から楽しい動画を作れます。このようなときにも、動画編集アプリがアイディアの実現を助けてくれるでしょう。

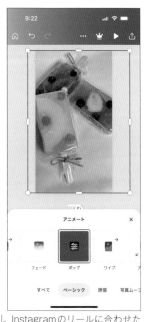

▲「Instagram　動画編集」などで検索すると多くのアプリが見つかる。ほとんどは無料ではじめられるので手軽に使える。

▲代表的なアプリの1つ「Canva」。Instagramのリールに合わせたテンプレートも用意されていて、撮影した写真や動画を選んでつないだり、エフェクトを付けたり、スマホの画面上で簡単に操作できる。

07-08

投稿したリールを編集する

キャプションとタグ付けだけ編集が可能。動画には手を入れられない

リールを投稿した後でも、キャプションとタグ付けは編集ができます。投稿した動画そのものを編集したり、動画に追加したエフェクトなどを変更したりすることはできません。紹介文の修正や一緒にいるユーザーの追加などに限られます。

キャプションとタグ付けを修正する

1 プロフィール画面でリールをタップ。

2 「…」（メニュー）をタップ。

3 「管理」をタップし、表示されたメニューで「編集」をタップ。

⚠️ Check

リール再生中のメニューでできること

リールのメニューからは、削除や動画の保存などができます。

4 キャプションやタグ付けを修正したら「完了」をタップすると、リールが更新される。

リールにリールを合成する

リールを並べて合成。自分と他のユーザーどちらのリールでもOK

「リミックス」ではすでに公開されている自分または他のユーザーのリールに、新しくリールを撮影して並べます。たとえば同じような景色のリールを並べて比べながら再生したり、誰かのダンスと合わせて踊ったりするといった楽しみ方ができます。

リールをリミックスする

1 リールの再生中に「…」（メニュー）をタップ。

2 「リミックス」をタップ。

3 リミックスの方法をタップ。

1 タップ

リミックス

クリップの再生方法を選んでください

元の動画と同時 | 元の動画の後

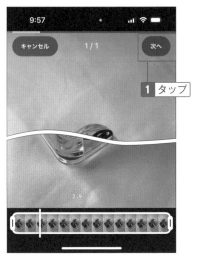

⚠ Check

リミックスの方法

「元の動画と同時」は2つの動画を並べて再生します。「元の動画の後」は元の動画に続けて新しい動画を追加し、1本の動画にします。

4 リールの投稿作成画面になるので、「次へ」をタップしてリール動画を作成する。

9:57

キャンセル | 1/1 | 次へ

1 タップ

2.9

5 キャプションを入力して「シェア」をタップ。

< 新しいリール動画

カバーを編集

1 入力

続編オルゴール「アマリリス」

▶ リールでシェア

動画はリールに表示される可能性があります。また、プロフィールのリールタブからも見ることができます。

フィードでもシェア ⬤

👤 人物をタグ付け >

💬 メッセージボタンを追加 >

2 タップ

下書きを保存 | シェア

💡 Hint

リミックスをオフにする

自分が投稿したリールは、誰かがリミックスで利用することができますが、投稿したリールを再生して「…」(メニュー)をタップし、「リミックスをオフにする」を選択しておけば、リミックスで利用できなくなります。

↥ | 🔗 | 🔖 | 🔁
シェア | リンク | 保存 | リミックス

🔲 管理 >

⊗ リミックスをオフにする

「リール」で音楽に合わせた楽しい動画を公開する

07-10

投稿したリールを削除する

公開を止めたいときには削除する。30日以内なら復元可能

リールは全ユーザーに公開されていますので、公開を止めたいときにはリールを削除します。削除したリールは公開されなくなり、他のユーザーが見ることはできなくなります。また削除しても30日以内であれば復元することができます。

リールを削除する

1 プロフィール画面で削除するリールをタップして表示し、「…」（メニュー）をタップ。

2 「削除」をタップ。

3 「削除」をタップすると、リールが削除される。

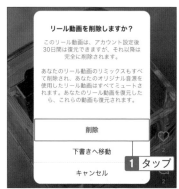

⚠ Check

削除したリールを再公開する

　削除したリールは30日以内であれば復元することができます。プロフィール画面で「設定」→「アクティビティ」→「最近削除済み」を選択して、「復元する」をタップして再度公開します。

リールをシェアする

自分や他のユーザーが投稿したリールを他のSNSにも投稿できる

リールは、TwitterやFacebookなど他のSNSにシェアできます。シェアすることによって、さらに多くの人が目にする機会が広がります。自分のリールをシェアして広めることもできます。

リールをSNSにシェアする

1 リールを再生して「…」（メニュー）をタップ。

2 「シェア」をタップ。

3 シェアするSNSをタップ。

4 コメントを入力して投稿する。

⚠ **Check**

投稿方法はシェアするアプリによって変わる

　シェアするSNSを選択したあとは、SNSごとのアプリに切り替わります。投稿方法はシェアするSNSアプリに従います。

07

「リール」で音楽に合わせた楽しい動画を公開する

07-12

リールをQRコードから表示する

リールに直接アクセスするQRコードを使う

リールQRコードを使うと、友だちなどに直接リールを紹介することができます。気に入ったリールを教えたいときや、自分のリールを見てほしいときに役立ちます。リール用のQRコードは、プロフィールのQRコードとは異なります。

リールのQRコードを表示する

1 リールを再生して「…」(メニュー)をタップ。

3 QRコードが表示される。

2 「QRコード」をタップ。

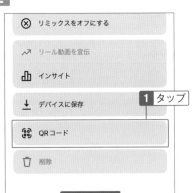

🔍 Hint

QRコードの色を変える

QRコードに表示されているカラーパレットをタップすると、QRコードの色を変えられます。好みの色で表示できる他、読み取りにくいときに濃い色に調整して読み取りやすくすることができます。

🔍 Hint

QRコードを保存する

「カメラロールに保存」をタップすると、QRコードを画像としてアルバム(カメラロール)に保存できます。保存するQRコードは、設定する色が反映されますので、保存前に好みの色に変えておきましょう。

07-13

リールを保存して
あとから見られるようにする

「保存済み」に登録されるが、ダウンロードはできない

気に入ったリールは保存しておき、あとからいつでも見られるようにしておきます。保存はあくまでアプリ内での保存で、他のユーザーが投稿したリール動画をダウンロードすることはできません。

リールを保存する

1 リールを再生中に「…」(メニュー)をタップ。

2 「保存」をタップ。

3 「保存済み」に登録される。

⚠ Check

保存済みリールの再生

保存したリールは、プロフィール画面で「≡」(メニュー)をタップして、「保存済み」をタップします。「リール」をタップすると、保存したリールだけを表示できます。

⚠ Check

保存の取り消し

リールの保存を取り消すには、リールの再生中に「…」(メニュー)をタップして、「保存を取り消す」をタップします。

07-14

リールのリンクをコピーする

リールのURLをコピーして、LINEやメールなどで教えられる

リールは個別のURLを持っていて、コピーすれば他のSNSやメールなどで利用できます。URLから直接、リールにジャンプでき、見てほしいリールを友だちなどにLINEなどで伝えることもできます。

リールのURLをコピーする

1 リールの再生中に「…」（メニュー）をタップ。

2 「リンク」をタップ。

3 URLがクリップボードにコピーされる。コピーしたURLは、SNSなどに貼りつけて使うことができる。

⚠ Check

メールでは迷惑メールになる可能性もある

URLはメールで送ると、相手のプロバイダーや設定によっては迷惑メールとして判断されることがあります。また、メールのURLはセキュリティ対策としてむやみにクリックしないように考えられているため、「お気に入りのリールを見つけました」、「〇〇のことが紹介されているリールがありました」など、内容を簡単に説明して、相手が安心できるようにしておきましょう。

07-15

自分のリール動画をダウンロードする

自分で投稿したリールはダウンロードできる。バックアップにも使える

自分で投稿したリール動画はダウンロードして保存できます。保存しておけばインターネットにつながなくてもいつでも見ることができますし。ダウンロードはバックアップとしても使えます。

リール動画をダウンロードする。

1 リールを再生して「…」(メニュー)をタップ。

1 タップ

chiisana.zakkaya
オルゴール「星に願いを」
いいね！：tabinome、他1人
♫ α Healing・星に願いを（Orgel ver.）

2 「デバイスに保存」をタップ。ダウンロードが完了すると「保存済み」と表示される。

シェア　リンク　保存　リミックス

📽 管理　　　　　　　　　　＞

⊗ リミックスをオフにする

〽 リール動画を宣伝

1 タップ

📊 インサイト

↓ デバイスに保存

⚠ Check

音楽を削除して保存

　リール動画をダウンロードするときに、「音声なしでダウンロードしますか？」と表示されることがあります。これはリール動画を作成したときに使用した音楽が著作権などの問題でコピーできないことを示しています。「ダウンロード」をクリックすると、音楽に加えて動画に収録されている声なども含めて、音声が削除され、音声のない状態でダウンロードされます。

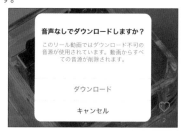

音声なしでダウンロードしますか？

このリール動画ではダウンロード不可の音源が使用されています。動画からすべての音源が削除されます。

ダウンロード

キャンセル

⚠ Check

ダウンロードは自分のリールだけ

　ダウンロードして保存できるのは、自分が投稿したリール動画だけです。他のユーザーが投稿したリール動画はダウンロードできません。

07

「リール」で音楽に合わせた楽しい動画を公開する

07-16

他のリールの音源を使う

他のユーザーのリール動画で音源やエフェクトを使う

リール動画には流行があり、同じ音源やエフェクトでさまざまなリール動画が投稿されているのを見たことがあるかもしれません。他のユーザーのリール動画を見て、気に入った音源やエフェクトがあれば、それを使って自分のリール動画を作ってみましょう。

音源を確認する

1 リール動画を再生中に、音源のタイトルをタップ。

2 音源の情報と、その音源を使ったリール動画が表示されるので「音源を使う」をタップすると、音源が設定されたリール動画の投稿画面が表示される。

⚠ **Check**

エフェクトを確認する

エフェクトを確認するときは、リール動画の再生中にエフェクトの名前をタップします。エフェクトは、エフェクトが使われているリール動画にだけ表示されます。

07-17

リールの好みを調整する

興味のないリールを表示されづらくしたり、不適切なリールを報告する

リールは次々とランダムに表示されるため、中にはまったく興味のないリールも現れますので調整していきます。また不適切なリールは報告して、運営によって削除などの対応をしてもらいます。

興味のないリールを設定する

1 リールを再生中に「…」（メニュー）をタップ。

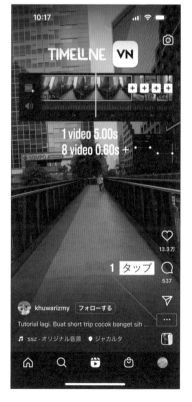

2 「興味なし」をタップ。

3 興味のない理由をタップ。

07

「リール」で音楽に合わせた楽しい動画を公開する

4 興味がないリールとして登録される。

以降類似のリールが再生されにくくなる

「興味なし」を設定すると、以降は類似のリール動画が再生されにくくなります。ただしすぐに反映されないので、「興味なし」の操作を積み重ねていくことで少しずつ自分に好みのリール動画が多くなっていくようになります。

不適切なリールを報告する

1 リールを再生中に「…」（メニュー）をタップして、「報告する」をタップ。

2 不適切な理由をタップすると、運営に報告される。

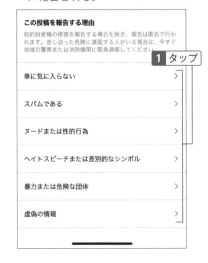

削除等の判断は運営次第

不適切なリール動画を報告しても、必ず削除されたりユーザーアカウントが停止されたりするとは限りません。運営が判断し、Instagramの規則に沿った対応を行います。

他のユーザーと、メールのように直接メッセージをやり取りする

Instagram では、メールと同じように直接メッセージをやり取りできる「ダイレクトメッセージ」を利用できます。ダイレクトメッセージを使えば、相手のメールアドレスを知らなくても、Instagram アプリの中だけでメッセージを送れます。ダイレクトメッセージは原則として、フォロー関係などがなくても誰でも自由に送ることができるので、自分が興味を持ったユーザーに手軽にメッセージを送れますが、手軽な分、不審なメッセージが届くこともあります。注意しながら活用しましょう。

08-01

メールのようにメッセージを
やり取りする

他のユーザーに公開されないメッセージを直接やりとりする

「ダイレクトメッセージ」では、Instagramアプリを使ってユーザー同士で1対1のメッセージをやり取りします。他のユーザーに公開されませんので、メールやLINEのように、個人間のやり取りに利用できます。

ダイレクトメッセージを送る

1 メッセージを送る相手のプロフィールページを表示して「メッセージ」をタップ。

2 「メッセージを入力」をタップ。

⚠ Check

**ストーリーズのリアクションなども
表示される**

　メッセージをやり取りする画面には、ストーリーズのリアクションなども表示されます。過去にそのユーザーとリアクションを受け取ったり送ったりしている場合には、メッセージの中にリアクションが表示されます。

3 メッセージを入力して「送信」をタップ。

💡 Hint

ビデオ通話をする

　メッセージ画面で上部にあるビデオアイコンをタップすると、そのユーザーとビデオ通話ができます。

4 メッセージが送信される。

💡 Hint

画像やスタンプ（GIPHY）を送る

「メッセージを入力」の右側にある「（＋）」をタップして「スタンプ」をタップすると、スマホに保存された写真などの画像ファイルを送信できます。またスタンプのアイコンをタップすると、メッセージにスタンプ（GIPHY）を送れます。

メッセージを受信する

1 メッセージを受信すると通知が届くので、「メッセージ」をタップ。

2 受信したメッセージをタップ。

3 メッセージが表示される。

1 確認

⚠ Check

既読が付く

　メッセージを相手が読むと、「既読」が付きます。既読はいちばん新しいメッセージの下に表示され、そこまでを読んでいることがわかります。

既読

🔎 Hint

メッセージに返信する

　受信したメッセージに返信するときには、メッセージ画面を開いて相手のメッセージを確認し、メッセージを入力して送信します。

▲メッセージの下に返信を入力して送信すると、会話のようにメッセージが表示される。

▲メッセージに「いいね！」を送るときは、メッセージをダブルタップする。

⚠ Check

送信を取り消す

　送信したメッセージを長押しして「送信を取り消す」をタップすると、送信したメッセージを削除できます。ただしそれまでに相手が読んでいたり、通知で表示している場合には、相手にすでに伝わっている可能性があります。

08-02

フォローしていないユーザーの メッセージを受信する

「リクエスト」を承認する。不審なユーザーを承認しないよう慎重に

フォローしていないユーザーからのメッセージは「リクエスト」として着信します。リクエストを承認すれば、メッセージが受信され、やり取りができるようになります。不審なメッセージをむやみに受信しないように、承認は慎重に行いましょう。

メッセージリクエストを承認する

1 フォローしていないユーザーからメッセージが届くと、メッセージ画面に「リクエスト」が表示されるのでタップ。

2 受信しているメッセージリクエストをタップ。

3 送信者と内容を確認して「承認」を
タップ。

5 メッセージの受信が承認され、メッ
セージ画面に表示される。

4 保存先を選択する。

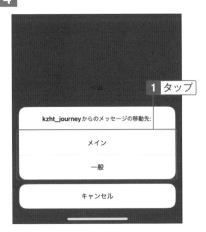

メッセージをミュートする

一時的に通知されなくなるが、やり取りは通常通りできる

Instagramのダイレクトメッセージは、ミュートすると通知がオフになります。非表示や受信拒否になることはなく、メッセージのやり取りは通常どおりできます。やり取りの多い相手で毎回通知は必要がないときなどにミュートしておくとよいでしょう。

特定の相手のメッセージを通知しない

1 メッセージ画面で ⓘ をタップ。

2 「メッセージをミュート」をタップしてオンにする。

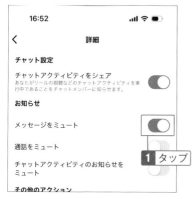

3 メッセージにミュートのアイコンが表示される。

08

他のユーザーと、メールのように直接メッセージをやり取りする

175

1 ミュートするメッセージを左にスワイプする。

2 「その他」をタップ。

3 「ミュート」をタップ。

4 「メッセージをミュート」をタップ。

⚠ Check

ミュートを解除する

メッセージのミュートを解除するときには、同じ手順で「ミュートを解除」をタップします。

メッセージを削除する

メッセージを整理しておく習慣をつけよう

メッセージのやり取りが多い場合には、友人とのやりとりや返信が必要なメッセージなどを見逃さないためにも、不要なメッセージは削除してしまいましょう。整理しておく習慣をつけておくと見逃しがなくなります。

メッセージを削除する

1 削除するメッセージを左にスワイプする。

2 「その他」をタップ。

3 「削除」をタップ。

4 「削除」をタップすると、メッセージが削除される。

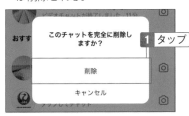

⚠ Check

相手のアプリからは削除されない

削除したメッセージは、自分のアプリからは削除されますが、相手のアプリにはそれまでにやりとりした内容が残ります。

08

他のユーザーと、メールのように直接メッセージをやり取りする

177

08-05

迷惑なメッセージを拒否する

ダイレクトメッセージは、不審な相手からも届いてしまう

Instagramのダイレクトメッセージは、誰からでも届きます。フォローしていないユーザーでも「メッセージリクエスト」として届くので、迷惑なメッセージを送る相手はアカウントをブロックして拒否します。

メッセージの送信者をブロックする

1 メッセージリクエストを表示して、リクエストをタップ。

2 送信者とメッセージの内容を確認して「ブロック」をタップ。

⚠️ Check

リンクやメールアドレスは無視する

　メッセージに記載されたURLから別のサイトに誘導したり、メールアドレスやLINEアカウントなどを交換したりするようなダイレクトメッセージが届いたら、詐欺などに巻き込まれる可能性があります。
　送信者が知人でない限り、Webサイトを開いたり返信したりすることはしないでください。

「アカウントをブロック」をタップ。

いずれかを選択して「ブロック」を
タップ。

⚠ Check

同一人物のアカウントをブロックする

「この人が持っている別のアカウントまたは
今後作成するアカウントもブロックする」を選
択すると、このユーザーと同じ人物が登録して
いると推測されるすべてのアカウントをブロッ
クすることができ、迷惑メッセージを効果的に
防げます。

⚠ Check

ブロックしたアカウントを確認する

ブロックしたアカウントは、「設定」→「プラ
イバシー設定」の「ブロック済みのアカウント」
で確認できます。必要であればブロックを解除
することもできます。

⚠ Check

リクエストを無視する

「無視」を選択すると、リクエストを承認しな
いまま無視します。「無視」ではブロックはし
ませんので、今後も送られる可能性がありま
す。もし不審なメッセージや悪質なメッセージ
を送信してくるのであれば、「ブロック」しま
しょう。

⚠ Check

明らかに危険な場合は「報告」する

詐欺などの犯罪につながるようなメッセージ
は、「報告」をすると運営が調査しアカウントの
停止などの対応を検討します。報告については
SECTION08-06を参照してください。

08-06

迷惑なユーザーを報告する

自分が通報したことは相手に伝わらないので安心して報告しよう

詐欺や社会的に問題のある勧誘など、不審なダイレクトメッセージを送ってくるユーザーがいたら、通報しておきましょう。また、そのようなメッセージには反応せず、必ず無視して、アカウントをブロックします。

アカウントを通報する

1 メッセージ画面の「リクエスト」をタップして、内容を確認したら、「ブロック」をタップ。

2 「報告する」をタップ。

3 報告する理由をタップすると、アカウントが通報される。

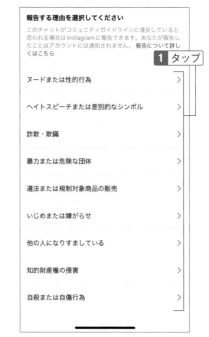

⚠ **Check**

停止になるかは運営の判断

アカウントを通報しても、そのアカウントが利用停止になるかどうかは運営の判断によります。必ず利用停止になるとは限りません。

08-07

やりとりをしたくないメッセージを制限する

ブロックせずに「無視」する。制限したことは相手に通知されない

知り合いやフォロワーでもメッセージのやりとりをしたくないときは、「制限」することで、メッセージを受信せずに「リクエスト」の状態にできます。リクエストの状態にあるメッセージは、承認しない限り受信しないので、無視することができます。

メッセージを承認しない状態にする

1 メッセージ画面で ⓘ をタップ。

2 「制限する」をタップ。

⚠ Check

相手に通知はされない

　メッセージを制限したことは、相手に通知されません。したがって、相手には知られないまま、制限することができます。

⚠ Check

誤って承認したメッセージも制限できる

　フォローしていないユーザーなどからのメッセージリクエストを誤って承認したり、承認した後から再度非承認の状態にしたりするときにも「制限」を使います。

181

3 「アカウントを制限する」をタップ。

machi_photograph との間に問題がありますか？

アカウントを制限する —**1** タップ

4 メッセージが「リクエスト」の状態になる。

18:25

＜　メッセージリクエスト　編集

チャットを開いて、メッセージの送信者を確認できます。承認するまでメッセージが既読であることは相手に通知されません。

1 確認

すべてのリクエスト

街フォト
制限中のアカウント
フォロワー12人

promotion_cm
はじめまして。今回はあなた様へのビ… 1時間
フォロワー0人

🚫 非表示のリクエスト　0 ＞

⚠ **Check**

「リクエスト」が表示されない場合

メッセージを制限して「リクエスト」が表示されない場合は、画面を下にスワイプして更新すると表示されます。

⚠ **Check**

制限を解除する

制限したメッセージは「リクエスト」からダイレクトメッセージを表示して「制限を解除」をタップすると、制限を解除できます。

街フォト
制限されたアカウント

街フォト
machi_photograph · Instagram
フォロワー12人·投稿4件
Instagram でお互いをフォローしています

プロフィールを見る

18:23

フォローしました！よろしくお願いします！

街フォトを制限しました
あなたがオンライン中かどうかやメッセージを読んだかどうかは、この相手には表示されません。

ブロック　削除　**制限を解除**

08-08

音声・ビデオ通話をする

ユーザー間で利用できる無料のインターネット通話

Instagramアプリのメッセージ機能を使って、ユーザー間で音声やビデオによる通話ができます。インターネットを利用した通話なので、通話料はインターネット通信にかかる費用のみとなり、定額プランなどでは費用を気にせず通話できます。

ビデオ・音声通話をする

1 メッセージ画面で、「ビデオ通話」を
タップ。

2 相手を呼び出す。

⚠ Check

ビデオをオフにして音声通話をする
音声通話をしたいときには、ビデオアイコン
をタップしてオフにします。

他のユーザーと、メールのように直接メッセージをやり取りする

3 相手が出たら通話する。通話を終了するときは「×」(終了) をタップ。

1 タップ

4 通話が終了したら「×」(閉じる) をタップ。

1 タップ

⚠ Check

通話履歴がメッセージに残る

メッセージ機能を使った通話の履歴は、メッセージの中に残ります。

⚠ Check

着信を受ける

自分宛てに Instagram アプリの通話が着信した場合は、通知に表示されますので、通話に応答する (青のチェックアイコン) か拒否する (赤のチェックアイコン) をタップして対応します。

ライブ配信を活用して、リアルタイムの中継をする

Instagramでは「インスタライブ」と呼ばれるライブ配信が可能です。インスタライブはスマホを使い、その場所から全世界に向けてリアルタイムの中継をします。タレントや文化人では自分を映し出した配信が多く行われていますが、必ずしもテレビ番組のように自分を映し、話すことだけが配信ではありません。目の前の景色や出来事を手軽に映し出すことも、魅力のある配信になるでしょう。「インスタライブ」では、高価な機材や高度な技術を使わずに、これまで難しかった「今を世界中に中継する」ことが、誰でも簡単にできるようになりました。

09-01

インスタライブでできること

Instagramを使って生中継を配信できる

「インスタライブ」は、Instagramの機能の多くで行う「写真や動画の投稿」とは異なり、スマホを使って生中継をする機能です。スマホのカメラで映すものをそのまま全世界にリアルタイムで中継、配信します。

自分中継だけではない使い方

「ライブ配信」と聞くと、著名人や芸能人が行っているイメージがあるかもしれません。それらは自分を映しながら話すといった「ライブ配信」が多いので、「ライブ配信」＝「自分中継」という印象もあります。そのため、ごく一般的な社会生活をしている人が、まるでテレビ番組を自分が進行するようなライブ配信にまったく興味がない、必要ないと思うのも当然です。

しかし、ライブ配信の使い方はいろいろあります。たとえば目の前に広がる美しい景色を配信したり、日の出や日没といった特別な時間を中継したり、走り去る列車を映し出したり、必ずしも自分を映す必要がない「ライブ配信」もいろいろと考えられます。

また、ビジネスではショーや製品発表のイベントに使うこともあります。教育分野でセミナーに使うこともできます。

手軽に誰でも無料でできる「ライブ配信」は、アイディア次第で盛り上げることができます。まずは、大勢に見てもらうことを考えず、フォロワーに「今、見てほしいもの」を届けるぐらいの軽い気持ちで始めてみてください。

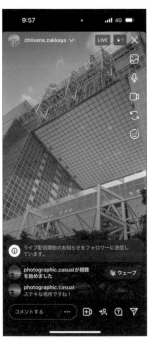

▲「自分中継」ではなく、目の前に見えることを中継するだけでも「ライブ配信」は成り立つ。

💡 Hint

「投げ銭」もできる

インスタライブでは、配信者に「投げ銭」を送って応援することもできます。配信画面で「バッジ」を購入し、送ることで「投げ銭」となります。「ライバー」と呼ばれる配信者が収入を得る他、企業の資金集めなどにも利用されます。ただし、利用できるのはまだ一部のユーザーに限られ、今後少しずつ利用できるユーザーが広がっていく予定です。

09-02

「インスタライブ」で配信する

投稿と同じような感覚で、誰でも手軽にライブ配信をはじめられる

「ライブ配信」と言えば、映像用のカメラを使い、配信用の機材を用意するといった本格的な技術が必要な印象がありますが、インスタライブではInstagramのアプリだけで誰でもすぐにライブ配信をはじめられます。

インスタライブを開始する

1 フィードで「＋」をタップ。

2 使う機能をスクロールして「ライブ」を選択する。

3 ライブ画面が表示されるので、「タイトル」をタップ。

⚠ Check

カメラを切り替える

最初にライブを起動すると、インカメラ（自分を映すカメラ）が起動します。「カメラ切り替え（189ページのCheck参照）」をタップすると、アウトカメラ（向こうを映すカメラ）に切り替わります。

 **4** 「タイトルを追加」をタップ。

5 タイトルを入力して「タイトルを追加」をタップ。

⚠ **Check**

タイトルの入力は任意

タイトルを入力しなくてもライブ配信はできます。しかしタイトルを入力した方が、見に来る人がどんな内容がわかりやすくなりますので、できるだけ入力してから配信しましょう。

6 配信ボタンをタップ。

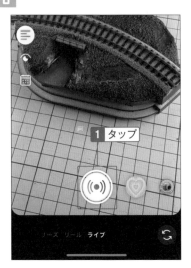

7 「接続を確認中です」と表示されるので、そのまま準備して待つ。「ライブ配信中です！」と表示されたら、ライブ配信が開始されている。

⚠ **Check**

接続の確認中にキャンセルできる

「接続を確認中です」と表示されている間は、インターネット接続やライブ配信システムへの接続を確認しています。この間は通常、数秒程度ですが「キャンセル」をタップすれば中止できます。

ライブ配信がはじまる。

ライブ画面の見方

❶タイトル
❷インスタライブを終了する
❸画像や動画をシェアする
❹音声のオン/オフを切り替える
❺映像のオン/オフを切り替える
❻カメラを切り替える
❼フィルターを使う
❽コメントを送る
❾参加リクエストを表示して承認する。
❿他のユーザーを招待して一緒に配信する。
⓫質問を送る
⓬友達などに配信をメッセージで教える

「LIVE」と表示される

ライブ配信中は、右上に「LIVE」と表示されます。

視聴者にウェーブを送る

「ウェーブ」を送ると、視聴者に拍手のアイコンを送ることができます。ウェーブは見に来てくれたことのお礼のような意味があります。

質問に答える

視聴者から質問が届いた場合、内容を確認して回答します。質問を見て声で答えても、質問を配信画面に表示してからコメントを送信して答えてもよいでしょう。

▲質問が届くと通知に表示される。

▲通知をタップすると質問が表示される。この状態では他のユーザーに質問は見えない。このまま声で回答するか、質問をタップして配信画面に表示してから答えることもできる。

09

ライブ配信を活用して、リアルタイムの中継をする

1 「×」(終了) をタップ。

1 タップ

2 「今すぐ終了」をタップ。

ライブ動画を終了し
ますか？

1 タップ

今すぐ終了　キャンセル

終了時に破棄しても残る

ライブ配信を終了するときに「動画を破棄」をタップしても、ライブ配信の動画は「アーカイブ」に保存されます。ただし保存をオフにしている場合は保存されません。

3 ライブの動画を公開する場合は「シェア」、保存せずに削除する場合は「動画を破棄」をタップし、配信を終了する。

ライブ動画は終了しました

tabinome, photographic.casual
があなたのライブ動画を見ました

📊 インサイトを見る　　　　＞

🗑 動画を破棄

1 タップ

シェア

💡 Hint

複数のユーザーでインスタライブを行う

ライブ配信は2名のユーザーで「コラボ配信」することもできます。視聴しているユーザーが配信画面で「参加をリクエスト」をタップし、配信しているユーザーが承認すれば、画面が2分割され、2人で配信することができます。

また、配信しているユーザーが「ルームでライブ配信を開始」をタップして、ユーザーを招待すると最大4名で同時に配信することもできます。

なおコラボ配信のリクエストを受けたくないときには、「コメントする」の「…」(メニュー) をタップして、「ライブ配信リクエストをオフにする」をタップします。

◀視聴しているユーザーの画面で「参加をリクエスト」をタップすると、配信者の「リクエストを表示」に参加のリクエストが表示される。

▲参加リクエストで「承認」をタップするとコラボ配信になる。承認したくない場合はそのままにしておく。

視聴できる人を限定する

特定の人にライブ配信を見せたくないとき、配信前に設定する

インスタライブの配信は、フォロワーであれば基本的に誰でも見ることができますので、限定公開のような機能はありません。ただしフォロワーの中で特定のユーザーを制限し、表示できないようにすることが可能です。

事前に特定のユーザーの視聴を制限する

1 「設定」画面（SECTION06-13）で「プライバシー設定」をタップ。

2 「ストーリーズ」をタップ。

⚠ Check

ライブ配信はストーリーズに含まれる

Instagramでは、ライブ配信はストーリーズの中の1つの機能になります。そのためライブ配信の公開範囲もストーリーズの公開範囲に準じます。

3 「ストーリーズを表示しない人」をタップ。

4 ライブ配信を見せたくない人にチェックして「完了」をタップ。

09-04

ライブ中に特定のユーザーを退出させる

不愉快なコメントを送るユーザーなどへの対応として

ライブ配信中に不愉快なコメントを送ってくるような迷惑なユーザーは、その場でライブ配信から退出させることができます。退出させると以降のストーリーズやライブ配信を見ることができなくなります。

ライブ中に特定のユーザーを非表示にする

1 ライブ中に「視聴者」をタップし、退出させる視聴者の「…」（メニュー）をタップ。

⚠ Check

ブロックする

手順2で「(ユーザー名) をブロック」をタップすれば、ユーザーをブロックできます。ブロックした場合、ストーリーズやライブ配信の他、通常の投稿なども一切見られなくなりますので、迷惑なユーザーはブロックすることも検討しましょう。

3 「確認」をタップすると、ユーザーが強制的に退出になる。

2 「ライブ動画から削除」をタップ。

⚠ Check

ストーリーズの非表示に登録される

ライブ配信中に退出させると、ストーリーズの非表示に登録されます。「プライバシー設定」の「ストーリーズ」で確認できます。

09-05

不適切なコメントを他のユーザーに監視してもらう

「モデレーター」はライブ配信中の監視係

ライブ配信中は、配信に集中するため不正なコメントや誹謗中傷などを細かくチェックできないかもしれません。そこで「モデレーター」を指名して、不適切なコメントを削除したり、参加者を退出させたりすることができます。

ユーザーを「モデレーター」に追加する

1 ライブ中に「視聴者」をタップし、モデレーターに追加する視聴者の「…」（メニュー）をタップ。

2 「モデレーターとして追加」をタップ。

⚠ **Check**

モデレーターの操作

モデレーターに追加されたユーザーは、ライブ配信には参加しませんが、配信者と同じ操作でコメントを削除したり視聴者を退出させたりすることができます。

3 「確認」をタップ。

09

ライブ配信を活用して、リアルタイムの中継をする

193

09-06

インスタライブにリアクションを送る

投稿のように「いいね！」を送って応援できる

インスタライブにはコメントを送ることができますが、「リアクション」を使うともっと簡単に感想を送ることができます。リアクションは「♥」で送り、送った♥がライブ配信の画面に表示されます。

「いいね！」を送る

1 「♡」をタップして、「♥」をタップ。

2 「いいね！」を送ったユーザーのアイコンが表示される。

> ⚠ **Check**
>
> **♡が貯まる**
> 「♡」がいくつか送信されると、画面に連続して表示されます。

> ⚠ **Check**
>
> **何度でも送れる**
> 「いいね！」は何度でも送ることができます。

送信者のアイコンが表示される

　「いいね！」を送ると、はじめの数秒だけ「いいね！」を送ったユーザーのアイコンが表示されてから「♥」に変わります。「いいね！」を誰が送ったかは、そのアイコンで判断するしかなく、アイコンを見てもわからなければ、誰が「いいね！」を送ったのかはわかりません。

▲最初はユーザーのアイコンが表示される。

▲アイコンが数秒で♥に変化する。

視聴ユーザーにウェーブを送る

　視聴をはじめたユーザーには「ウェーブ」をタップして送ると、歓迎のメッセージを簡単に送ることができます。ウェーブは受信するとわずかの時間、画面の中央にウェーブを受信したことが表示されます。

▲ユーザーが視聴をはじめたことを知らせるメッセージの「ウェーブ」をタップする。

▲ウェーブを受信すると画面にメッセージが表示される。

09

ライブ配信を活用して、リアルタイムの中継をする

195

09-07

ライブにコメントを送る

コメントのやりとりでライブが更に盛り上がることもある

ライブにコメントを送ると、ライブの画面にコメントが表示されます。表示されたコメントで盛り上がったり、コメントに対して配信しているユーザーが答えたりして、ライブ配信を楽しむことができます。

コメントを送信する

1 ライブ画面の「コメントを追加」をタップ。

2 コメントを入力して「投稿する」をタップ。

⚠️ **Check**

非公開で「質問」する

「質問」を使うとコメントを公開せずに、発信者にメッセージを送れます。ただし発信者は届いた質問を公開することもできます。質問については189ページのCheckを参照してください。

3 コメントが送信される。

⚠️ **Check**

発信者もコメントできる

発信者もコメントを送れます。コメントを送ってくれた視聴者にコメントで返し、文字によるコミュニケーションも可能です。

⚠️ **Check**

コメントをオフにする

コメントを受け付けたくないときは、コメントをオフにします。「コメントする」の「…」(メニュー) をタップして「コメントをオフにする」をタップします。

ライブ配信を保存する

ライブ配信の動画はアーカイブに保存されている

ライブ配信を終了時に「動画を破棄」を選択しても、ライブ配信の動画はアーカイブに保存されています。アーカイブの動画をダウンロードして、スマホに保存することもできますし、フィードに投稿することもできます。

アーカイブ動画をダウンロードする

1 プロフィール画面の「≡」(メニュー)をタップして、「アーカイブ」をタップ。

2 「ストーリーズアーカイブ」をタップ。

⚠ Check

直前に利用したアーカイブが表示される

アーカイブは、直前に利用したアーカイブが表示されます。「投稿アーカイブ」が表示されている場合は、タップして「ライブアーカイブ」に切り替えます。なおアプリを終了したりスマホを再起動した場合などに、直前の利用に関わらず「ストーリーズアーカイブ」が表示されることがあります。

3 「ライブアーカイブ」をタップ。

09

ライブ配信を活用して、リアルタイムの中継をする

4 アーカイブされたライブ動画が表示されるので、ダウンロードしたい動画をタップ。

5 動画が再生されるので、「ダウンロード」をタップ。」

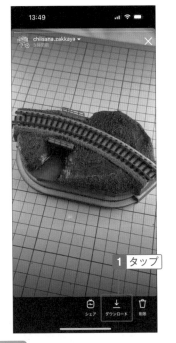

6 スマホのアルバムアプリや写真アプリに動画が保存される。

⚠️ **Check**

保存に成功したとき

ライブ動画の保存に成功すると「保存済み」と表示されますので、「×」(閉じる) をタップして動画を閉じます。

💡 **Hint**

ライブ動画を投稿する

ライブ動画を投稿するときは「シェア」をタップします。ただし長い時間のライブ配信動画はデータのサイズが大きくなるので注意してください。

フォロワーを増やすことを
意識した使い方

SNSをはじめたら、フォロワーを増やしたくなります。自分が
いろいろなユーザーの投稿を見て楽しむのはもちろんですが、
SNSの醍醐味は、自分が発信し、それを誰かが見て、リアク
ションをもらえることです。もちろんはじめてすぐにフォロ
ワーが増えていくことはありませんので、「どうやったらフォ
ロワーが増えるのだろう」と悩むこともあるでしょう。投稿を
続ける中で行動したり、工夫をしたりすることで、着実にフォ
ロワーは増えていきます。

10-01

何を投稿すればフォロワーが増えるのか

フォロワーは地道な継続で増えていく

Instagramをはじめたらフォロワーを増やしたいと思うでしょう。ただ、はじめのうちはまったく増えないのが現実です。フォロワーは一気に増えることはなく、じっくり続けていくうちに少しずつ増えていくものと考えましょう。

少しでも見てもらう機会を増やすために

「フォロワーを増やす投稿」という疑問に確実な答えはありません。もちろん、芸能人などはすでにファンがいますので、またたく間にフォロワーが増えますが、ごく普通に社会の中で生活している人が、インターネットという大きな世界で1枚の写真を投稿しても、まず見つかることはないでしょう。地球の大海原に写真が1枚浮いているようなものです。

一方で、ごく普通の人に数千、数万のフォロワーがいる事実もあります。ごく限られた人の話ですが、可能性がゼロではないという事実の証しにはなります。

もちろんそのような人を真似たところで、同じようにフォロワーが増えるわけではありません。そこで、自分なりに「少しでも多くの人に見てもらえるような投稿」を考えることになります。

テーマを決める

Instagramに載せる写真や動画にルールはありません。もちろん公序良俗に反するものや法律に触れるようなものはNGですが、原則は自由な世界です。そして、自由だからこそ、工夫をすればよりよい投稿になります。

日々スマホで撮った写真を投稿するだけでも、もちろん間違いではありませんが、たとえば今日はご飯の写真、明日は風景の写真、あさってはペットの写真……といったようでは「とりとめがない」ものになってしまいます。思い出を無造作に貼り付けているだけでは、全体としてボヤっとしたものになってしまうでしょう。

そんなとき、「テーマを決めたInstagram」を作り上げるのは注目を集めるための1つの方法です。手の込んだ料理が好きであれば、それを毎回、撮影して載せる。一方でそれ以外の写真は基本的に載せない。テーマを決め、絞り込むことで、そのことに興味を持つユーザーからのフォローが期待できます。投稿の内容がバラバラでは、1枚の写真に興味を持って見に来てくれたユーザーでも、他の写真に興味は湧かず、再訪もあまり期待できません。

どうしてもいろいろな投稿をしたいのであれば、Instagramのアカウントを複数作り、

使い分けることも考えられます。旅先の景色だけのアカウントを作り、ごちそうの写真は別のアカウント、フォロワー数を気にしない雑多な写真を、日記のようにまた別のアカウントに記録する、といった具合に使い分けます。ただしアカウントを作りすぎても手が回らなくなりますので、「管理できて投稿を続けられる程度」の範囲に留めます。

　自分が他のユーザーのInstagramを見て、「フォローしてみよう」と思う場面を想像してください。おそらく自分が興味のあるテーマの写真や動画がたくさん載っているアカウントだと思います。そのようなInstagramを、次は自分で作ればよいのです。

ユーザーのプロフィールに表示される写真に一定の規則性や統一感があると興味を引く。

定期的に、長く継続

　もう1つの大切なポイントは、「継続」です。たまに思いついたように1つ投稿が増えるのでは、ユーザーの目には留まりません。毎日投稿しなくても3日に1回、1週間に1回といった、定期的な継続が大切です。

　投稿が増えればその分だけ人の目に留まる機会が増えます。その結果、興味を持ってくれた人の目に留まり、フォロワーになってくれるかもしれません。

　またInstagramでは、フィードにおすすめのユーザーや投稿が表示されます。その投稿はフォロワーからつながるユーザーの投稿や投稿に付けられたタグなど、さまざまな要素で選ばれます。そこに載れば、これまでまったく接点のなかったユーザーがフォロワーになる可能性もあります。いずれにしても、投稿がなければフォロワーは増えません。自分のできる範囲で、あまり間隔を開けずに投稿を続けることが、フォロワーを増やしていく大きなポイントになります。

投稿を続ければ「おすすめ」に選ばれる可能性も高まる。

積極的にフォローバックする

フォローバックから、さらにフォローが広がる可能性もある

フォローされたユーザーをフォローバックすれば「相互フォロー」になりますが、そこまでに留まらず、フォローから他のユーザーの「おすすめ投稿」などにつながり、フォロワーが広がる場合があります。

自分からも積極的にフォローを返していく

　「フォローバック」とは、フォローしてくれたユーザーに対してこちらもフォローして、相互フォローになることです。フォローバックすることで、一方的なつながりが、相互のつながりになります。

　フォローバックすることは、自分がフォローするユーザーが増えることなので、フォロワーが増えることとは直接関係がありませんが、フォローバックすることで、つながりが広がり、フォロワーが増えることに結びつく可能性があります。

　たとえば、フォローバックすることで、そのフォロワーの別のフォロワーのフィードに、関連した投稿として「おすすめ」に表示される可能性があります。それを見たユーザーがフォローしてくれるかもしれません。

　実際に、増えたフォロワーを見ると、共通のフォロワーがいることが多く見られます。

　また「いいね！」を付けてくれたユーザーを積極的にフォローすると、フォローバックしてくれてフォロワーが増えることもあります。

　フォロワーは「増えるのを待っている」のではなく、自分から積極的にいろいろなユーザーをフォローしていくことがコツです。

▲プロフィールに「フォローバックする」と表示されているユーザーは、自分をフォローしているユーザーなので、積極的にフォローを返して相互フォローになるとつながりが広がる。

悪意のあるユーザーはフォローしない

　フォロワーを増やすための積極的なフォローは有効な方法ですが、誰かをフォローするときには、必ずその相手のプロフィールを確認しましょう。なぜなら、中には悪意のあるユーザーもいるからです。フォローさせておいて迷惑行為をする、あるいは不正な勧誘や詐欺などの違法行為といった例もあります。

　見分けるポイントは、プロフィールを表示したら次のことに着目します。すべて悪意あるユーザーとはとはいい切れませんが、これらに該当する場合、フォローは慎重に行いましょう。

・非公開アカウント
・投稿がまったくない
・投稿が1〜3枚程度しかなく、投稿を続けている気配がない
・自己紹介文がほぼ無記入
・フォロー数が多くフォロワーが少ない
・投稿の内容が儲け話や誘い込む内容

　この他にも、たとえばプロフィール写真が自分の投稿している内容とはおよそ関係なさそうな年齢層の人物であったり、プロフィール写真に人物が複数写り込んでいたりするユーザーにも注意が必要です。このようなユーザーは、フォローを誘い個人情報を取得することが目的の場合もあります。

　ただし、フォローされただけで危険な目に遭うことはありませんので、すぐブロックする必要はなく、フォローバックしないでそのままにしておけば構いません。ダイレクトメッセージやコメントなどで不審な点があればブロックすればよいでしょう。

　言い換えれば、不安が残る相手を無理にフォローバックする必要はありません。「よくわからないユーザー」「人物像が見えないユーザー」をフォローバックする必要はないのです。なぜなら、そのようなユーザーをフォローバックしても、フォロワーが増えることに結びつかないからです。

　フォローしてくれたユーザーのプロフィールを見て、同じ趣旨の投稿がされているような、自分も興味を持てるユーザーであれば、ぜひフォローバックしてください。きっと新しいつながりが広がります。

▲まだはじめた頃のプロフィールには情報がないこともある。友人や知人であればフォローしてもよいが、まったく知らない人の場合には慎重な対応が必要になる。

関連するユーザーをフォローする

自分が誰かの「関連するユーザー」に表示されたりしてつながっていく

「関連するユーザー」に表示されるユーザーをフォローすることで、興味を持ってくれる
ユーザーにフォローされたり、あるいはその先にいるユーザーの「関連するユーザー」と
して表示されたり、つながりが広がります。

「関連するユーザー」から広がるつながり

Instagramの画面にはときどき、「関連するユーザー」が表示されます。この「関連する
ユーザー」は、主に自分がフォローしているユーザーやフォロワーとつながるユーザーで、
いわば「1つ先」に存在するユーザーです。そのユーザーをフォローすることで、相互フォ
ローになってフォロワーが増えたり、さらにその先にいるユーザーの「関連するユーザー」
となったりしてつながりが広がる可能性があります。

これも前SECTIONと同様に、「フォロワーは待たず、自分から積極的にフォローしてい
くことで増やす」ことの実践ともいえるでしょう。

▲「おすすめ」に表示されてい
るユーザーはフォロワーの
フォロワーなど、何かしらの
関連がある。

▲「おすすめの投稿」も自分の
趣向から導き出されたもの。

10-04

ストーリーズで投稿を告知する

投稿したことがわかるように文字なども入れると効果的

投稿したことをストーリーズに掲載すれば、フォロワーの画面上部に表示されます。フィードでは下の方に流れてしまっても、ストーリーズから投稿を見てもらい、「いいね！」から拡散するといったこともあります。

投稿したことをストーリーズに載せる

1 投稿を表示して「送る」をタップ。

1 タップ

2 「ストーリーズに投稿を追加」をタップ。

1 タップ

3 投稿した写真や動画が表示されるので、文字やスタンプなどを追加する。

1 設定

⚠ Check

メッセージも重要

ストーリーズの告知には「投稿しました」「チェックしてください」などメッセージを書き込むと効果的です。

フォロワーを増やすことを意識した使い方

Hint

投稿のイメージを表示する

ストーリーズに追加するときに、投稿を
タップするとアカウントやコメント付きの写
真や動画にできます。どちらでも好みの方を
使います。

5 投稿が完了するとアイコンの周囲に
枠が表示される。

⚠ Check

**他のユーザーの投稿をストーリーズに
載せる**

自分のストーリーズには、他のユーザーの投
稿も同様に載せることができます。

6 ストーリーズを確認する。

4 編集が終わったら「ストーリーズ」
をタップ

Hint

ストーリーズの編集

ストーリーズの画面を作成するとき、さま
ざまな編集ができます。

・スタンプの追加：「スタンプ」アイコンを
　タップ
・手書きの追加：「手書き」アイコンをタップ
・文字の追加：「文字」アイコンをタップ
・拡大・縮小：ピンチイン・ピンチアウト
・移動：ドラッグ

ストーリーズから投稿を見る

1 ストーリーズの写真や動画をタップ。

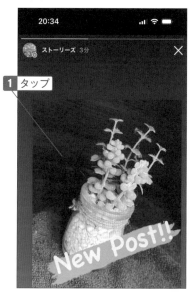

1 タップ

2 「投稿を見る」をタップ。

1 タップ

3 投稿が表示される。

🖋 Hint

タップすることも書く

ストーリーズをタップすると投稿が表示されるという操作がわからない人に向けて、書き込むメッセージに、「Tap Here！」（ここをタップしてください）のように書き、タップして投稿に誘導することも効果的です。

10-05

Facebook と Instagram を連携する

Instagram に投稿すると、同時に Facebook にも投稿できる

Instagram と Facebook は現在、運営が同じ会社です。したがって親和性が高く、簡単に連携でき、Instagram の投稿を Facebook にも投稿するといったことができるようになります。連携することで Facebook のつながりから Instagram に呼び込むことができます。

アカウントセンターを設定する

1 アカウントのアイコンをタップ。

2 「≡」（メニュー）をタップし、表示されたメニューで「設定」をタップ。

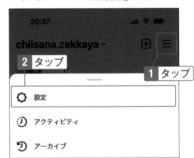

3 「アカウントセンター」をタップ。

⚠ Check

Facebook アカウントを準備しておく

はじめに Facebook アカウントとの連携を行います。連携は Facebook アプリをインストールし、設定、ログインした状態で行います。

⚠ Check

連携の設定は 1 回だけ

Facebook アカウントとの連携は一度設定すれば保存され、次回以降は設定が不要です。

4 「Facebookアカウントを追加」を
タップ。

関連したアプリにサインインする警告

アプリが別のアプリにサインインしようとす
ると警告のメッセージが表示されます。問題な
ければ「続ける」をタップします。

5 Facebookのアカウントとパスワー
ドを入力して「ログイン」をタップ。

6 アイコンと名前を確認して「（名前）
としてログイン」をタップ。

7 InstagramとFacebookのアカウ
ントが表示されたら「次へ」をタッ
プ。

アカウントが表示されない

アカウントが表示されないときは、ログイン
しているInstagramアカウントが連携しようと
しているアカウントかどうかを確認してくださ
い。また、Facebookアプリを起動して、ログイ
ンした状態になっていることを確認してくださ
い。Facebookアカウントを持っていない場合
は、事前に取得しておきます。

10

フォロワーを増やすことを意識した使い方

8 アカウントの連携が完了するので、「設定を完了」をタップ。

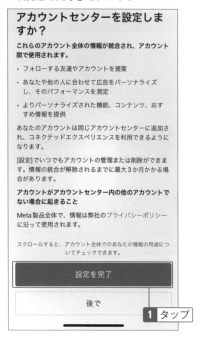

アカウントセンターを設定しますか？

これらのアカウント全体の情報が統合され、アカウント間で使用されます。

・フォローする友達やアカウントを提案
・あなたや他の人に合わせて広告をパーソナライズし、そのパフォーマンスを測定
・よりパーソナライズされた機能、コンテンツ、おすすめ情報を提供

あなたのアカウントは同じアカウントセンターに追加され、コネクテッドエクスペリエンスを利用できるようになります。

[設定]でいつでもアカウントの管理または削除ができます。情報の統合が解除されるまでに最大3か月かかる場合があります。

アカウントがアカウントセンター内の他のアカウントでない場合に起きること

Meta製品全体で、情報は弊社のプライバシーポリシーに沿って使用されます。

スクロールすると、アカウント全体でのあなたの情報の用途についてチェックできます。

設定を完了

後で

1 タップ

9 「プロフィール」にInstagramとFacebookで設定している表示名（名前）が表示されるのを確認して「×」（閉じる）をタップ。

2 タップ

×　∞Meta

アカウントセンター

1 確認

Facebook、Instagram、HorizonなどのMetaのテクノロジー全体のコネクテッドエクスペリエンスを管理できます。詳しくはこちら

プロフィール
Chiisana Zakkaya,　2 ＞
chiisana.zakkaya

コネクテッドエクスペリエンスを管理

💡 **Hint**

自動的に投稿する

以降のInstagramへの投稿をFacebookにも自動的に投稿するなら、「プロフィール間のシェア」をタップして、「Instagram投稿」をオンにします。

自動的にシェア

Instagramストーリーズ　⚪

Instagram投稿　●

Instagramのリール動画　設定

Facebookにも同時に投稿する

1 「＋」をタップ。

20:40　📶 🔋

Instagram　⊞ ♡ ✈

ストーリーズ　wni_jp　haneda.airp...

1 タップ

wni_jp

wni_jp　...

2 投稿する写真や動画をタップして「次へ」をタップ。

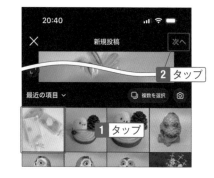

20:40　📶 🔋

×　新規投稿　次へ

2 タップ

最近の項目 ∨　複数を選択

1 タップ

3 必要に応じて加工をしたら「次へ」をタップ。

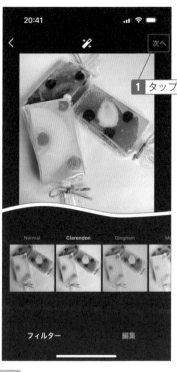

Hint

自動的にシェアする

「Instagramのストーリーズと投稿をFacebookに自動的にシェア」が表示されたら「後で」をタップします。「投稿とストーリーズをシェア」をタップすると、Instagramの投稿が自動的にFacebookにも投稿されます。

4 キャプションを入力して、「Facebook」をオンにしたら「シェア」をタップ。

⚠ Check

次回に設定を引き継ぐ

Facebookに投稿する「オン」と「オフ」は、次回も同じ設定が表示されます。投稿する都度、確認して切り替えます。なおアカウントセンターで、Facebookを「自動的にシェア」にしておくと、初期状態で「オン」になりますが、投稿時にオフにすることもできます。

5 Instagramへの投稿が完了し、Facebookにも同時に投稿される。

10-06

Twitter と Instagram を連携する

Instagram と同時に Twitter にも投稿できる

Instagram のアプリからは Twitter にも同時投稿ができます。また、Instagram に投稿してからリンクを Twitter に投稿することも簡単です。Twitter には Instagram の投稿へのリンクが投稿され、Twitter を見たユーザーが Instagram の投稿を見る可能性があります。

Twitter アカウントと連携して同時に投稿する

1 「＋」をタップ。

2 投稿する写真や動画をタップ。

3 必要に応じてフィルターなどを使い加工して、「次へ」をタップ。

4 「Twitter」のスイッチをタップ。

5 Twitterのユーザー名とパスワード
を入力して、「連携アプリを認証」を
タップ。

6 キャプションを入力して、「シェア」
をタップ。

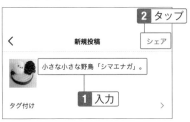

7 Instagramに投稿される。

8 Twitterにも投稿される。

⚠ Check

TwitterにはURLが投稿される

Twitterには、同時に投稿したInstagramの写真や動画にジャンプするリンクとサムネイル（アイコン）が投稿されます。

Instagramに投稿してからTwitterに投稿する

1 投稿を表示して「…」（メニュー）をタップ。

1 タップ

🔍 Hint

他のユーザーの投稿も自分のTwitterに投稿できる

他のユーザーの投稿を、自分のTwitterに投稿できます。ただし画像や動画だけを転載するような投稿はできません。他のユーザーの投稿にジャンプするリンクが投稿されます。

2 「シェア」をタップ。

1 タップ

3
Twitterアプリに画面が切り替わるので、ツイートを入力して「ツイートする」をタップ。

4
Twitterに投稿される。

💡 Hint

「他のアプリに投稿」でシェアする

Instagramの投稿で「…」(メニュー)をタップして、「他のアプリに投稿」をタップすると、Instagramから投稿できるSNSが表示されるのでTwitterのスイッチをオンにして投稿できます。

10

フォロワーを増やすことを意識した使い方

215

「映える」と「目に留まる」の違い

「映え」ではない、「注目される投稿」も重視しよう

「インスタ映え」は注目を集める投稿のポイントですが、たとえばビジネス要素の高い投稿では「映え」よりも「役に立つ情報」の方が求められます。情報の詰まった写真や動画を投稿することも、見られるためのポイントです。

「目に留まる」投稿とは

　1枚の写真で「映える」投稿は、注目され、拡散すれば多くの人に見られ、たくさんの「いいね！」やコメントが付いたり、それがきっかけでフォロワーが増えたりするかもしれません。いわゆる「バズる」ことを狙って投稿することも間違いではありません。

　ただ現実には、「バズる」ことは続かない方が多いのです。

　それよりも、「目に留まるもの」を地道に投稿し続ける方が、長い目で見れば良質なInstagramになるでしょう。

　たとえば、同じ趣味趣向のユーザーにとって役に立つ情報が含まれる写真。行きたくなるような景色やお店の情報と、実際の感想を書いて投稿すれば、それはとても役に立つ情報になります。ペットの写真でも、行動から見つけ出したいろいろな発見などを投稿していけば、同じ動物をペットにしているユーザーにとって役に立つ情報になります。料理好きならレシピはとても役立つ情報です。ただ美味しそうな食事の写真だけではなく、そこにレシピを書くことで、その投稿が持つ価値が変わります。

　そのような役に立つ情報は、興味のあるユーザーにとって「目に留まる情報」でもあります。そして投稿が蓄積されていくことで、まるで辞書のように「ここを見ればいろいろわかる」場所になります。「このユーザーの投稿を見ていると役に立つ」。そんな投稿を目指してみるのも、フォロワーを増やす一手といえます。

▲空撮（空からの景色）という1つのテーマに絞ったInstagram。単に「きれいな景色」という他にも、普段見られない角度からの景色という「情報」を提供している。（@soratorijp）

10-08

有料サービスを利用して広告を出す

プロアカウントに切り替えると利用できる

Instagramでは、プロアカウント向けに有料で広告を出すサービスがあります。具体的には、投稿に対して広告を設定すると、その投稿がいろいろなユーザーに表示されるようになります。ビジネスを目的としてInstagramを利用している場合には効果の高い手法です。

投稿を使って広告を出す

1 プロフィール画面の「プロフェッショナルダッシュボード」をタップ。

2 プロフィール画面の「広告ツール」をタップ。

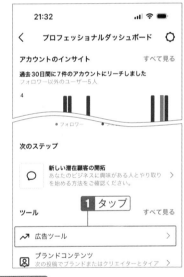

⚠ Check

プロアカウントで利用できる

　広告を使うためには、アカウントの種類をプロアカウントに切り替えている必要があります。初期状態の「個人アカウント」では利用できません。

⚠ Check

Facebookのログインが必要

　広告を出すにはFacebookの連携が必要です。広告は責任を持って出す必要があり、原則本名で登録しているFacebookと連携することで身元を明らかにします。Facebookにログインしていない場合は、次ページの手順4で「InstagramがサインインのためにFacebookを使用しようとしています」というメッセージが表示されますので、「続ける」をタップしてFacebookと連携します。

3 「投稿を選択」をタップ。

4 広告に使う写真や動画をタップ。

5 目標を選択して「次へ」をタップ。

6 広告を表示するターゲット（相手）を選択して「次へ」をタップ。

7 広告の費用（予算）と掲出期間を設定して「次へ」をタップ。

1 設定

2 タップ

8 内容を確認して「投稿を宣伝」をタップ。

1 確認

2 タップ

⚠ **Check**

支払情報などを登録する

広告を出すには、広告費用の支払情報などいくつかの設定が必要です。設定されていない場合は、メッセージに従って設定をします。

▲「支払い」の「追加」をタップして、国や通貨を設定する。

▲「支払い情報を追加」に表示されている支払い方法を選択して、下部の「次へ」をタップすると、カード番号などの入力に進む。

タグ付けを工夫する

ハッシュタグを付けることで広く見てもらう

「ハッシュタグ」を使うと、投稿内容を簡潔に示すキーワードなどを使って、ユーザーがより簡単に、見たい写真や動画を探せるようになります。より多くの人に投稿を見てもらうなら、投稿にハッシュタグを付けることは必須とも言えます。

効果的なハッシュタグを付ける

　Instagramでも、他のSNSと同じように投稿にはハッシュタグを付けることができます。ハッシュタグは、キーワードの冒頭にハッシュ記号（#）を付けることで、興味のある投稿を探しやすくします。単純にキーワードだけで検索すると、キーワードを含む投稿の範囲が広すぎて必ずしもほしい情報が見つかるとは限りません。そこでハッシュタグとして検索することで、意識的にそのキーワードに関連付けられた投稿を探せるという仕組みです。

　Instagramに投稿するときに、キャプションの末尾にハッシュタグを付けておくと、誰かが投稿を検索して見てもらえる可能性が大きく上がります。さらにいくつかのキーワードを考え、複数のハッシュタグを付けておけば、それだけ効果も高くなります。

　一方で、やみくもにハッシュタグを付けてしまうと、そのキーワードに関する投稿を探している人にとって、かえって迷惑な投稿になってしまうかもしれません。また何十個ものハッシュタグを付けた投稿は、見ている人に投稿が単に拡散を狙ったものだと誤解されてしまう可能性もあります。ハッシュタグは投稿の内容に合ったキーワードを使い、最大でも10個程度の適切な数を付けて投稿すると効果的です。

　実際にハッシュタグを付けて投稿すると、すぐに「いいね！」が付くこともあります。検索していそうな、人が知りたがっているようなハッシュタグを考えて付けてみましょう。ただしもちろん、投稿と無関係なハッシュタグを付けることはご法度です。

▲キャプションの最後にハッシュタグを付けておくと、より多くの人に見てもらえる可能性が上がる。

もっと楽しく、便利に使いこなすための機能や設定

Instagramはとても自由にいろいろなことができるSNSです。基本的な使い方でも十分に楽しめますが、さまざまな機能を使いこなすことで、より便利に、快適に、楽しめるようになります。投稿が増えてきたらアーカイブを利用して過去の投稿を整理するといったことも、使いこなすポイントです。また、Instagramではショップも展開されており、ファッションやグルメなどInstagramの投稿にも多いジャンルで、流行のアイテムや「映える」商品を購入するといったこともできます。

Instagramでは常に新しい「できること」が増えています。自分に合った「できること」を探しながら、Instagramをもっと楽しみ続けましょう。

11-01

タグやユーザー名から投稿を検索する

検索されやすいタグを付けて、多くの人に投稿を見てもらおう

Instagramではキーワードで検索すると、投稿につけられたタグやユーザー名が対象になります。言い換えれば、タグを上手に使うことで、自分の投稿を多くの人に見てもらえるようになります。

投稿を検索する

1 「検索」をタップ。

> ⚠ **Check**
>
> **興味のありそうな投稿が並ぶ**
>
> 検索画面を表示すると、過去の履歴やフォロー／フォロワーなどから興味のありそうな投稿が並びます。キーワード検索やフォローだけでは見つからない、思わぬ発見があるかもしれません。

2 検索ボックスをタップしてからキーワードを入力し、「検索」をタップ。

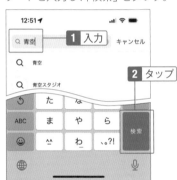

> ⚠ **Check**
>
> **検索対象で分類**
>
> 投稿に付いたタグやキャプション、関連するユーザーなどが検索対象になります。検索対象がタブで分類されて結果が表示されます。

3 検索結果が表示される。

投稿をアーカイブする

削除しないで非公開にしたいときに。復活させて再公開もできる

投稿をアーカイブすると、自分だけが見られる「書庫」のような場所に保存できます。公開を止めたいけれど削除はしたくない場合は、アーカイブしておきます。アーカイブした投稿は復活させることもできます。

投稿を保存し、プロフィールから表示を消す

1 アーカイブする自分の投稿を表示して「…」（メニュー）をタップ。

> ⚠ Check
>
> **アーカイブするのは自分の投稿**
>
> アーカイブできるのは自分の投稿のみです。他のユーザーの投稿はアーカイブできません。他のユーザーの投稿を保存しておきたいときには「保存」を使います（SECTION11-03）。

2 「アーカイブする」をタップ。

3 投稿がアーカイブされ、非表示になる。

> ⚠ Check
>
> **プロフィールからも消える**
>
> プロフィール画面を開くと、アーカイブした投稿の表示が消えているのがわかります。

アーカイブした投稿を見る

1 自分のプロフィールを表示して「≡」（メニュー）をタップし、「アーカイブ」をタップ。

2 「ストーリーズアーカイブ」をタップ。

> **⚠ Check**
>
> **ストーリーズのアーカイブが表示される**
>
> 「アーカイブ」をタップすると、ストーリーズのアーカイブが表示されます。

3 「投稿アーカイブ」をタップ。

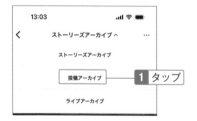

4 アーカイブした投稿の一覧が表示される。見たいアーカイブをタップ。

5 アーカイブした投稿が表示される。

1 アーカイブした投稿を表示して「…」（メニュー）をタップ。

2 「プロフィールに表示」をタップ。

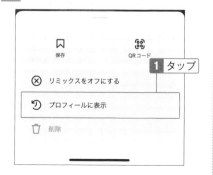

3 アーカイブから表示が消える。

4 プロフィールに表示されるようになる。

⚠ Check

プロフィールに表示されると
フォロワーにも表示される

アーカイブした投稿はフォロワーにも見えなくなりますが、プロフィールに戻すとフィードにも表示され、フォロワーからも再度、見られるようになります。

11

もっと楽しく、便利に使いこなすための機能や設定

225

11-03

投稿を保存し、すぐに表示できるようにする

ブラウザーのブックマークのように使える

Instagramの写真は原則としてスマホにデータとして保存することはできません。そこで、投稿した写真や動画の情報を「保存」しておくことで、あとからすぐに呼び出せるようになります。ブラウザーのブックマークのような機能です。

投稿を保存する

1 保存する投稿を表示して「保存」をタップ。

`1` タップ

> ⚠ Check
>
> **データをダウンロードできない**
>
> Instagramに投稿されている写真や動画は、元のデータをスマホにダウンロードして保存することはできません。保存しておきたいときには、アプリの「保存」を使って、すぐに表示できるようにしておきます。

2 投稿が保存される。

`1` 確認

> ⚠ Check
>
> **保存アイコンが変わる**
>
> 投稿を保存すると、保存アイコンが黒塗りに変わります。

保存した投稿を見る

1 プロフィールを表示して「≡」(メニュー) をタップ。

2 「保存済み」をタップ。

3 保存した投稿の一覧が表示されるので「すべての投稿」をタップ。

🔍 Hint

コレクションで分類する

投稿をただ保存しただけだと「すべての投稿」にまとめられますが、コレクションを使うと保存した投稿を分類できます。コレクションについては次のSECTIONを参照してください。

4 見たい投稿をタップ。

5 投稿が表示される。

⚠ Check

投稿者が削除すると消える

保存した投稿は、投稿者がその投稿を削除すると、保存した投稿からも消えます。

11

もっと楽しく、便利に使いこなすための機能や設定

11-04

投稿をコレクションで分類する

保存した投稿が増えてきたら、分類して整理しよう

Instagramでは、保存した投稿を「コレクション」として分類して整理できます。コレクションを作っておくと、保存した投稿が増えたときに、見たい投稿をすぐに探し出すことができます。

コレクションで分類する

1 保存した投稿の一覧を表示して「＋」をタップ。

2 コレクションの名前を入力して「次へ」をタップ。

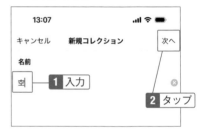

3 コレクションに加える投稿をタップして、「完了」をタップ。

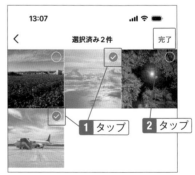

⚠ Check

コレクションは「フォルダー分け」のようなもの

　コレクションは投稿を分類する機能です。フォルダー分けのようなもので、名前を付けて分類します。

⚠ Check

複数の選択が可能

　コレクションに投稿を追加するときには、複数の投稿を選択してまとめて追加できます。

4 コレクションが作成される。

5 保存した投稿の一覧で、コレクションが表示される。

1 確認

💡 **Hint**

投稿を保存するときに
コレクションにも追加する

　投稿を保存するときに「コレクションに保存」をタップすると、保存と同時にコレクションに追加できます。またこのとき、「+」をタップすれば新しいコレクションを作成して追加することもできます。

▲投稿を保存するときに「コレクションに保存」をタップする。

▲追加するコレクションをタップする。「+」をタップすれば新しいコレクションを作って追加できる。

11

もっと楽しく、便利に使いこなすための機能や設定

229

11-05

アクティビティを確認する

「乗っ取り」を防ぐためにも、自分が使った履歴を確認しよう

「アクティビティ」を確認すると、自分がInstagramからどこを訪問したか、どの程度の時間使っているかを確認できます。これらを確認することで、身に覚えのない利用があった場合の対策に結び付けられます。

自分の行動履歴を確認する

1 アカウントのアイコンをタップ。

2 プロフィール画面で「≡」(メニュー)をタップ。

3 「アクティビティ」をタップ。

4 アクティビティの中で確認する項目をタップ。

⚠️ **Check**

アクセスしたリンクとは

　アクセスしたリンクとは、Instagramアプリで表示した投稿につけられているリンクをタップしてジャンプしたページのことです。

5 「利用時間」にはInstagramアプリを利用している1日の平均時間が表示される。

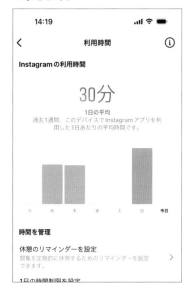

🔍 **Hint**

毎日のリマインダーを設定する

　手順5の画面で「休憩のリマインダーを設定」をタップすると、Instagramの利用時間が設定した時間に到達したときに通知を受け取ることができます。1日の利用時間を決めて、使い過ぎに注意することができます。

⚠️ **Check**

「いいね！」の履歴などは「お知らせ」で確認

　ホーム画面やプロフィール画面で「♥」をタップして表示される、「いいね！」や「フォロー」の履歴などは「お知らせ」(通知) で確認します。

⚠️ **Check**

アカウントが乗っ取られたとき

　万が一、アカウントが乗っ取られたときはすぐにパスワード (SECTION11-15参照) を変えます。次に投稿の内容を確認して、身に覚えのない投稿を削除します。また、乗っ取られるとランダムなアカウントに対して、詐欺につながる内容のダイレクトメッセージが送られることもありますので、確認して連絡するなど、必要な対応を取ります。

11

もっと楽しく、便利に使いこなすための機能や設定

231

11-06

インサイトを確認する

自分の投稿の反応を分析し、今後の投稿に役立てよう

「インサイト」は、自分の投稿がどれぐらい見られ、どのような反応があったかを分析する機能です。インサイトを見れば、どのような投稿がよく見られたかがわかるので、投稿に役立てることができます。

投稿のインサイトを見る

1 「≡」(メニュー) をタップし、「インサイト」をタップ（個人アカウントでは表示されない）。

2 インサイト情報が表示される。

3 それぞれ詳細な情報を見ることもできる。

⚠ Check

インサイトは「個人アカウント」では使えない

インサイトを表示するには、アカウントの種類を「プロフェッショナルアカウント」または「ビジネスアカウント」に切り替える必要があります。初期状態の「個人アカウント」では利用できません。

11-07

お気に入りのユーザーの投稿を表示する

フォロー中の中でも特に見逃したくない投稿を表示する

アプリのフィードは通常、フォローしているユーザーの投稿やおすすめの投稿が表示されますが、フォローが多い場合などに特に見逃したくないユーザーは別の「お気に入り」で表示すると見逃すことがありません。

ユーザーを「お気に入り」に登録する

1 ユーザーのプロフィールを表示して「フォロー中」をタップ。

2 「お気に入りに追加」をタップすると、ユーザーがお気に入りに追加される。

⚠ **Check**

お気に入りに登録したユーザー

お気に入りに登録したユーザーは、フィードで「★」が表示されます。

⚠ **Check**

「お気に入り」はフォローしてから

「お気に入り」に登録できるのは、自分がフォローしているユーザーに限ります。フォローしていないユーザーを「お気に入り」に登録することはできません。

11

もっと楽しく、便利に使いこなすための機能や設定

「お気に入り」ユーザーの投稿を表示する

1 「Instagram」のロゴをタップ。

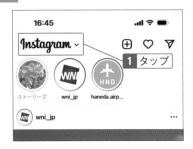

2 「お気に入り」をタップ。

3 お気に入りに登録したユーザーの投稿が表示される。

⚠ Check

「フォロー中」を表示する

「Instagram」のロゴをタップして、「フォロー中」をタップすると、フォロー中のユーザーの投稿と、自分の投稿が表示されます。

⚠ Check

「お気に入り」が未登録

「お気に入り」に登録しているユーザーがない場合は、「見逃したくないアカウントを選択してください」と表示されますので「お気に入りに追加」をタップして、フォロー中のユーザーをお気に入りに登録します。

見逃したくないアカウントを選択してください

アカウントをお気に入りに追加すると、そのアカウントの投稿が新しい順にここに表示されます。

[お気に入りに追加]

💡 Hint

お気に入りを管理する

プロフィール画面の「≡」メニューをタップして、「お気に入り」をタップすると、お気に入りの登録をさらに追加したり、削除したりできます。

234

11-08

ショップの投稿から買い物をする

Instagramから商品を探し、購入することができる

Instagramは、ショップの商品紹介にも多く利用されています。そこでショップが投稿したInstagramの投稿から、ショップのウェブサイトにジャンプしてショッピングができる仕組みがあります。

ショップを検索する

1 「ショップ」をタップ。

2 商品ページが表示される。

11

もっと楽しく、便利に使いこなすための機能や設定

ショップを検索する

　検索ボックスにショップやブランドのキーワードを入力すると、ショップを検索できます。

4 「ウェブサイトで見る」をタップ

3 気になる商品を見つけたらタップ。

5 ショップの販売ページが表示される。

11-09

お気に入りの商品を
ウィッシュリストに登録する

Instagramショップの「お気に入り」リストを活用しよう

Instagramショップでは、気になる商品を「ウィッシュリスト」に登録しておけば、あとからすぐに見つけられるようになります。ブラウザーの「お気に入り」やショップサイトの「気になる商品」「あとで買う」などと同じ利用方法です。

ウィッシュリストに追加する

1 ショップの商品を表示して「ウィッシュリスト」をタップ。

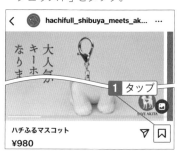

2 ウィッシュリストに追加される。

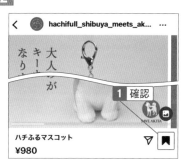

ウィッシュリストを表示する

1 ショップを表示して「ウィッシュリスト」 🔘 をタップすると、ウィッシュリストに登録した商品（グリッド表示画面）が表示される。

Hint

「保存済み」から表示する

ウィッシュリストはInstagramアプリに保存されるので、プロフィール画面で「保存済み」をタップしても表示できます。

ショップのコレクションから商品を探す

カタログを見る感覚で買い物ができる。ファッション系やグルメが豊富

「コレクション」では、ショップごとのカタログを見るように商品を探すことができます。Instagramショップでは、特にファッション系やグルメが多いので、季節や流行のアイテムを探せます。

コレクションを表示する

1 商品を表示してスクロールし、「ショップを見る」をタップ。

2 「コレクションを見る」をタップ。

3 ショップのコレクションが表示される。

4 ショップには「おすすめアイテム」もまとめられている。

⚠ Check

コレクションがない

ショップでコレクションを設定していない場合は、コレクションは表示されません。

11-11

現在地や目的地周辺のスポットを探す

旅先でのショップや飲食店、観光スポット探しなどに活用できる

位置情報を付けた投稿やショップ、観光スポットなどを地図から探します。旅先で人気の観光地を写真で確認してから選んだり、美味しいグルメを探したり、さまざまな発見があります。

近隣のスポットを探す

1 「検索」をタップして、「スポット」を
タップ。

⚠ **Check**

はじめて利用するとき

スポットをはじめて利用するときには、メッセージが表示されます。「開始する」をタップして続けます。

⚠ **Check**

表示されるスポット

表示されるスポットは、位置情報付きの投稿が行われた場所です。たとえばレストランの食事やカフェの映えるドリンク、絶景スポットなど、ユーザーが位置情報付きで投稿した写真や動画を地図上で見ることができます。また有名な観光スポットなどはあらかじめ登録されている場所もあります。

もっと楽しく、便利に使いこなすための機能や設定

11

239

2 現在地や過去に表示した位置周辺の
情報が表示される。

> ⚠️ **Check**
>
> ### 現在地を表示する
>
> 　現在地を表示するには、右上の「現在地」を
> タップします。位置情報がオフになっている場
> 合、位置情報をオンにします。

3 地図をドラッグして移動し、「このエ
リアを検索」をタップ。

4 表示している地域で投稿されている
写真やショップなどが表示される。

11-12

パソコンでInstagramを見る

Instagramはパソコン画面にも対応している

Instagramは、パソコンでも見たり投稿したりできます。パソコンではブラウザーに加えて、Windows用のアプリなども利用できます。パソコン画面でも、スマホで見たような縦長の画面で表示されます。

ブラウザーでInstagramを見る

1 ブラウザーにURL（https://www.instagram.com/）を入力してInstagramのページを開く。ユーザー名とパスワードを入力して「ログイン」をクリック。

⚠ Check

コメントや「いいね！」も利用できる

ブラウザー表示のInstagramでも、コメントの投稿や「いいね！」を付けたり見たりできます。また投稿を検索したり、ストーリーズを見たりするなども可能です。これらのパソコンで行った操作はスマホで見ても反映されます。

2 ユーザー名とパスワードをブラウザーに記憶しておく場合は「情報を保存」をクリック。必要ない場合は「後で」をクリック。

241

3 お知らせ（通知）をオンに
する場合は「オンにする」
をクリック、不要なら「後
で」をクリック。

4 Instagramのホーム画面
が表示される。

⚠ Check

表示もスマホ風の画面

　ブラウザーでInstagramを表示すると、画面いっぱいに表示されず、左右に空白がある縦長のスマホ
風の画面になります。

⚠ Check

パソコンでもメニューは同じ

　パソコンでは、スマホで見るような画面が中心に表示され、左側にメニュー、右側にアカウントやおす
すめのユーザーが表示され、広い画面を効率的に使えるように配置されています。フィードの投稿の他
に、ストーリーズやリールを見ることもできます。

11-13

パソコンから投稿する

パソコンではスマホ風の画面で操作する

Instagramはパソコンでの投稿や表示にも対応し、ブラウザーを使ってスマホと同様の操作で使えます。ただしパソコンの広い画面で表示されるのではなく、あくまでスマホ風の画面で表示されます。

パソコンから投稿する

■1 「+」をクリック。

■2 「コンピューターから選択」をクリック。

🔎 Hint

ドラッグ＆ドロップで投稿する

写真や動画が保存されたフォルダーから、ファイルを直接「新規投稿を作成」画面にドラッグ＆ドロップして投稿することもできます。

もっと楽しく、便利に使いこなすための機能や設定

11

3 投稿する写真や動画を選択して、「開く」をクリック。

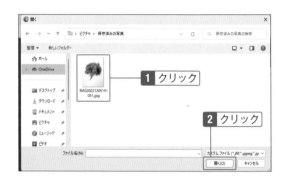

⚠ Check

投稿できるファイル形式

Instagramで投稿できるファイル形式は、画像（写真）がJPG、PNG、GIFの3種類です。また動画はさまざまなファイル形式に対応していますが、MP4とMOVが推奨されています。パソコンでは一般的にさまざまなファイル形式を扱えますが、投稿前に対応するファイル形式かどうか確認しましょう。

4 写真や動画を確認して、必要に応じてトリミングの調整を行い、「次へ」をクリック。

💡 Hint

投稿を正方形にする

写真は投稿するときに、左下のサイズ変更をクリックして、正方形にするとInstagramの表示にもっとも合います。スマホでもパソコンでも、正方形の写真がもっともバランスよく表示できます。

5 フィルターや調整ツールで色合いや明るさを調整して「次へ」をクリック。

6 キャプションを入力して「シェア」をクリック。

7 投稿が完了したら「×」(閉じる) をクリック。

8 投稿が表示される。

Hint

ストーリーズやリールは投稿できない

　パソコンから投稿できるのは、フィードの画像 (写真) や動画だけです。ストーリーズやリールの投稿はできません。またライブ配信 (インスタライブ) もできません。

11-14

通知を受け取る場面を設定する

「いいね！」やコメントなど、通知の有り無しをそれぞれ設定できる

自分のInstagramアカウントに対して何かの変化があったときに、スマホに通知を表示すればすぐに気づきます。「いいね！」やコメントが付いたり、フォロワーが増えたときなど、すぐに知りたいことの通知をオンにします。

細かく通知を設定する

1 「設定」画面（SECTION11-15）で「お知らせ」をタップ。

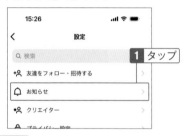

⚠ Check

通知を許可しておく

通知を受け取るには、スマホの「設定」アプリでInstagramアプリの通知を許可しておく必要があります。初期状態では許可しているので設定する必要はありませんが、通知が届かない場合には確認してください。

⚠ Check

通知の設定は細かく分けられている

通知の設定は、とても細かく場面ごとに分けられています。そのため項目は多くなりますが、自分が使いやすいように設定できますので、ひととおり確認しておきましょう。

2 通知を設定するカテゴリーをタップ。

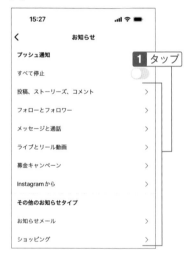

3 項目ごとに通知を設定する。

11-15

詳細な設定で使いやすくする

かなり細かく設定できるので、自分流の使い方にカスタマイズしよう

Instagramアプリでは、使い方に合わせて細かい設定ができます。そのまま使っていても構いませんが、自分が使いやすいように少しずつでも設定を調整していくと、より快適にInstagramを楽しめるようになります。

設定画面で行えること

1 「設定」画面（SECTION06-13）で設定する項目をタップ。

▲「フォロー・招待」ではSMSやアプリを使って自分のプロフィールページを送信する。「連絡先をフォロー」を使うと、スマホに登録されている連絡先とInstagramのアカウントが一致しているユーザーをフォローする。

▲「プライバシー」では自分にコメントやメンションができるユーザーの範囲や、投稿を再共有できるユーザーの範囲などを設定する。

247

▲「セキュリティ」ではパスワードの変更や二段階認証の設定を行う。

▲「広告」では、表示される広告の内容を調整する

▲「広告」の「広告トピック」で、年齢や思想などに関するいくつかのジャンルの広告について表示を減らすことができる。

▲「アカウント」ではアカウントに登録されている情報を設定する。

▲「ヘルプ」では、使い方のヘルプに加えて、運営に問題を報告したりリクエストを送ることができる。

▲「情報」はInstagramの規約などを確認できる。

複数のアカウントを使う

個人アカウントとプロアカウントを別々に持つといったこともできる

Instagramでは、複数のアカウントを持つことに制限はありません。プロアカウントと個人アカウント、ビジネス利用と個人の趣味、いくつかの趣味ごとにアカウントを持つ、そんな使い分けも自由です。

アカウントを追加する

１ プロフィール画面でアカウントの名前をタップ。

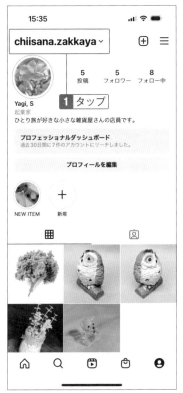

⚠ Check

追加できるアカウントの数は最大5つ

Instagramアプリに追加できるアカウントは最大5つです。6つめのアカウントを追加する場合は、使わないアカウントをアプリから削除します。

２ 「アカウントを追加」をタップ。

もっと楽しく、便利に使いこなすための機能や設定

249

3 「既存のアカウントにログイン」を
タップ。

⚠ Check

新しいアカウントを作成して追加する

　新しいアカウントを作成して追加する場合、
「新しいアカウントを作成」をタップして、アカ
ウントを作成します。アカウントを作成する方
法は、最初にアカウントを作成するときの方法
（SECTION02-02）と同じです。作成後にアプ
リに追加されます。

4 アカウント名とパスワードを入力し
て「ログイン」をタップすると、追加
したアカウントのホーム画面が表示
される。

5 「保存」をタップ。

6 追加したアカウントのホーム画面が
表示される。

複数のアカウントを切り替える

複数のアカウントに同時にログインしている状態

Instagram アプリでアカウントを追加すると、すべてのアカウントにログインした状態になります。アカウントを切り替えるときに、ログアウトする必要はなく、アカウントの一覧で選ぶだけで簡単に切り替えることができます。

アカウントを切り替える

1 プロフィール画面を表示する。

2 アカウントの名前をタップして、切り替えるアカウントをタップ。

💡 Hint

さらにアカウントを追加する

　アカウントの選択画面で「アカウントを追加」をタップすると、さらに別のアカウントを追加できます。アプリには最大5つのアカウントを登録できます。

3 アカウントが切り替わる。

💡 Hint

簡単にアカウントを切り替える

　画面右下のアカウントのアイコンをダブルタップ（2回タップ）すると、簡単にアカウントを切り替えることができます。

アカウントからログアウトする

登録しているすべてのアカウントからログアウトする

アプリに登録しているアカウントからログアウトしたいときには、すべてのアカウント
からログアウトします。再度ログインすると、登録しているアカウントすべてにログイ
ンしますので、一部だけログインしたいときには登録を削除します。

アカウントからログアウトする

1 プロフィール画面で「≡」（メ
ニュー）をタップ。

2 「設定」をタップ。

3 画面をスクロールして、「ログアウ
ト」をタップ。

⚠ Check

どのアカウントを表示してもよい

ログアウトするときには、アプリに登録して
いるどのアカウントを表示していても、すべて
のアカウントからログアウトします。

4 「ログアウト」をタップ。

⚠ Check

再度ログインする

再度ログインするときには、表示されているアカウントをタップします。ログイン情報が保存されていればパスワードの入力は不要で、アプリに登録したすべてのアカウントにログインします。

5 すべてのアカウントからログアウトする。

アカウントをアプリから削除する

1 ログアウトしているアカウントの表示画面で「設定」をタップ。

2 「プロフィールを管理」で登録を削除するアカウントをタップ。

11

もっと楽しく、便利に使いこなすための機能や設定

253

3 「プロフィールを削除」をタップ。

4 「削除」をタップ。

5 アプリからアカウントが削除される。

⚠ Check

アカウントが1つの場合のログイン

アプリに登録しているアカウントが1つの場合、ログインするときは登録しているアカウントのログイン画面が表示されます。

11-19

アカウントを削除する

不要なアカウントの整理やInstagramをやめたいときに

Instagramをやめたり、複数利用しているInstagramのアカウントが不要になったりしたときは、アカウントを削除できます。削除したアカウントは検索されず、表示もされなくなります。また削除したアカウントは1カ月以内であれば復活できます。

削除前に投稿をダウンロードする

1 「設定」画面（SECTION06-13）で「アクティビティ」をタップ。

2 「個人データをダウンロード」をタップ。

🔍 Hint

パソコンで保存も可能

メールをパソコンで受信し、データをダウンロードすることもできます。

3 メールアドレスを確認して、「ダウンロードをリクエスト」をタップ。

4 パスワードを入力して「次へ」をタップ。リクエストを送信したとメッセージが表示されるので「完了」をタップ。

5 しばらく待つとメールが届く。メール本文の下部に表示されている「情報をダウンロード」をタップ。

6 ブラウザーが起動するので、ユーザー名とパスワードを入力して「ログイン」をタップ。「ログイン情報を保存しますか?」と表示されたら「後で」をタップ。

7 「情報をダウンロード」をタップ。

あなたのInstagram情報

こちらがリクエストされたファイルです。アカウント kzht_journeyに関する情報が含まれています。

このリンクは送信後4日間のみ有効です。個人情報が含まれている可能性があるため、必ずリンクを非公開にし、個人所有のコンピューターにのみファイルをダウンロードするようにしてください。

HTML形式での情報をリクエストされた場合は、最初にindex.htmlファイルを開くとファイルをより簡単に確認できるようになります。

情報をダウンロード ━━━ **1** タップ

8 「ダウンロード」をタップ。

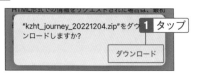

9 ダウンロードが完了したら、「ダウンロード」ボタン((↓))をタップして「ダウンロード」をタップ。

10 ダウンロードしたファイルを開く。

⚠️ **Check**

zipファイルに圧縮されている

ダウンロードしたファイルは、zip形式の圧縮ファイルで保存されます。

⚠ Check

フォルダーに分かれて保存されている

　圧縮ファイルを開くと、いろいろなフォルダーに分かれてファイルが保存されています。コメントなどのデータも保存されていますが、専用のデータなので見ることができません。一方で投稿した画像や動画、ストーリーズなどはそれぞれ一般的な画像ファイルや動画ファイルで保存されているため、スマホやパソコンで見ることができます。

11 Instagramの投稿写真などを保存する。

アカウントを削除する

1 ブラウザーでアカウントの削除ページ（右上のCheck参照）を開く。ユーザー名とパスワードを入力して「ログイン」をタップ。

⚠ Check

アプリからはできない

　アカウントの削除はInstagramアプリからはできません。ブラウザーアプリを使って操作します。アカウントの削除ページは以下のURLになります。

https://www.instagram.com/accounts/login/?next=/accounts/remove/request/permanent/

2 ログイン情報を保存するかメッセージが表示されたら、「後で」をタップする。続く画面で削除する理由を選択し、「完了」をタップ。

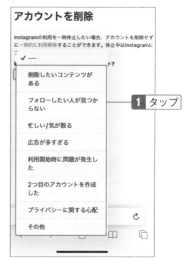

3 パスワードを入力して「(アカウント名)を削除」をタップ。表示されるメッセージで「OK」をタップすると、アカウントが削除される。

⚠ Check

アカウントは1カ月間保持される

削除したアカウントは、すぐに抹消されず、1カ月間は保持されます。削除するとすぐに投稿やプロフィールは表示されなくなり、検索もできなくなりますが、1カ月以内であれば復旧することもできます。

アカウントを復旧する

1 Instagramアプリを起動し、削除したアカウントでログインする。

⚠ Check

アカウントの復旧は1カ月以内

アカウントを復旧できるのは、削除してから1カ月以内です。期間が過ぎると復旧できなくなります。

⚠ Check

投稿も復旧される

アカウントを復旧すると、過去の投稿やコメントなどもすべて削除した時点の状態に戻ります。

2 「アカウントをキープ」をタップすると、アカウントが復旧される。

人気インスタグラマーに聞く
「フォロワーが増える！」
投稿のポイント

小柄スタイリスト　HappY

身長144cmの超小柄で服のサイズがなく困った経験から、2016年より小柄に向けたWEBサイトを開始。Instagramはフォロワー3.2万人。大手デパートで小柄向けファッション講座など登壇。

< 　　　　　　**happy20041002**　　　　　　···

1,156　　　**3.3万**　　　**656**
投稿　　　フォロワー　　フォロー中

小柄スタイリストHappY（ハッピー）/小柄ブランドコーデ, ユニクロコーデ

デザイン・ファッション
\\ 小柄のスタイルアップ術 //
▶UNIQLOと小柄ブランドを使ったコーデ提案
▷オシャレ見えするコーデのコツを解説... 続きを読む
linktr.ee/U150

・Instagram アカウント
https://www.instagram.com/happy20041002/

●聞き手
株式会社MASH 代表取締役表
染谷昌利

ブログメディアの運営とともに、コミュニティ（オンラインサロン）運営、書籍の執筆プロデュース、企業や地方自治体のPRアドバイザー、講演活動など、複数の業務に取り組むパラレルワーカー。

―― HappYさんはなぜInstagramを始めようと思ったんでしょうか？きっかけを教えてください

　もともと育児をしながら取り組める仕事をしたくて、ブログで情報発信をおこなっていました。さまざまなジャンルのブログを運営していたのですが、一番、楽しみながら更新できたのがファッションをテーマにしたブログです。

　昔から洋服が好きだという点はあったのですが、私は身長が144cmで世の中の平均値から見たら小柄な方です。小柄で困ることと言ったらシンプルで、気に入ったデザインの洋服があってもサイズがないということが多かったんですね。自分が困っていることは、同じような体型の人も困っているに違いないと思い、小柄女性がオシャレを楽しむためのブログにした理由です。

　ブログを開設した当時はまだSNSは盛んでなかったのですが、次第にFacebookやTwitterなどのサービスが展開され、そしてInstagramという写真を軸にしたSNSが開始されました。

　「ファッションと写真は相性が良いはず！」と周りのブログ仲間にオススメされて、Instagramを始めました。いま振り返ると、それほど深く考えずに始めたことが良かったのかもしれません。

―― 私もInstagramで発信しているのですが、なかなかフォロワーが増えません。HappYさんは順調に増えていったのでしょうか？それとも何かのきっかけで一気に伸びたのでしょうか？もしフォロワーが増え始めたきっかけがあれば教えてください。

　実はInstagramを開始した当初はファッションの投稿をしていたわけではありませんでした。家族でお花見に行きましたとか、お気に入りのランチスポットとか、四つ葉のクローバーを見つけただとか、個人的な日記的な投稿がメインでした。最初はもう見よう見まねで、きれいな写真が撮れたらそのまま投稿していた感じですね笑。

　Instagramに力を入れようと思ったきっかけは忘れてしまったんですが、ブログもテーマを絞ってから読みに来てくれる人が増えた経験があったので、**Instagramもファッションをメインに投稿し始めてから、少しずつフォロワーが増えていきました。**

　テーマを絞ることで自分がフォローするアカウントの特徴も決まってきます。もちろん私はファッションをテーマにしたInstagramのアカウントを積極的にフォローし、その投

稿を参考にしながら写真の撮り方やトリミングの角度、キャプション（文章）を試行錯誤しながら投稿したのを覚えています。

テーマについては人それぞれ違うと思いますが、まずは得意分野や好きなことを投稿していくことをオススメします。キャプションは丁寧に情報を伝える気持ちが大切だと思っているので、気づいたら長くなってしまっているのが悩みどころです笑。

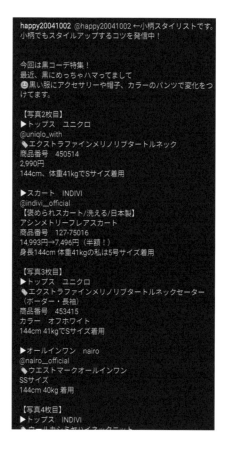

happy20041002 @happy20041002 ←小柄スタイリストです。小柄でもスタイルアップするコツを発信中！

今回は黒コーデ特集！
最近、黒にめっちゃハマってまして
😊黒い服にアクセサリーや帽子、カラーのパンツで変化をつけてます。

【写真2枚目】
▶トップス　ユニクロ
@uniqlo_with
🔖エクストラファインメリノリブタートルネック
商品番号　450514
2,990円
144cm、体重41kgでSサイズ着用

▶スカート　INDIVI
@indivi__official
【褒められスカート/洗える/日本製】
アシンメトリーフレアスカート
商品番号　127-75016
14,993円→7,496円（半額！）
身長144cm 体重41kgの私は5号サイズ着用

【写真3枚目】
▶トップス　ユニクロ
🔖エクストラファインメリノリブタートルネックセーター
（ボーダー・長袖）
商品番号　453415
カラー　オフホワイト
144cm 41kgでSサイズ着用

▶オールインワン　nairo
@nairo_official
🔖ウエストマークオールインワン
SSサイズ
144cm 40kg 着用

【写真4枚目】
▶トップス　INDIVI
🔖ウールなシミセハイネックニット

重要なのは一回でたくさんの「いいね」をもらうことではなく、私の投稿を見てくれた人が少しでも「役に立った」と思ってもらえるような情報を、「継続して」発信するという点です。発信頻度は時間が許せばもちろん毎日が好ましいのですが、やはり育児などで時間が取れない日もあるので、2〜3日に1回は発信しようと決めて投稿していました。

コツコツと発信を続けていると、2年ほどでフォロワーが3,000人を超えていました。ただ小柄なだけの一般人の私の投稿を3,000人もの人が見てくれていることに驚くとともに、次第に企業からもコラボレーションのお話をいただけるようになりました。お声がけいただいたメーカーさんに取材に行くことで、他のファッションインスタグラマーさんにはない、私だけのオリジナルの投稿として差別化を図ることもできるようになりました。

—— 今は3万人を超えるフォロワーがいらっしゃいますが、3,000人からの増加数がすごいですね

フォロワーが大きく増えた一番のきっかけは友人との雑談でした笑。**誰かと話しているときにアイディアが湧いてくるのでオススメです。**そのときはユニクロについて話していました。

多くのユニクロの店舗で販売している最小サイズはSサイズなんです。でもユニクロのオンラインストアだとXSサイズが買えるんです。お店に行ってもXSサイズは置いていないので、試着できません。試着して比較したいのにできないって困りますよね。そこで、私がXSサイズとSサイズを両方買って、試着して、それを発信したら困りごとの解消になるんじゃないかと思ったんです。

2つのサイズを買って比較することって、やろうと思えば誰でもできます。でも費用もかかりますし、なにより面倒くさいからやらないじゃないですか。だからこそ私がやろうと思いました。フォロワーから「XSは試着できないからどうなのかなって思ってました！」というコメントをいただけるようになって、本当にやって良かったと感じました。

きっかけって小さなことかもしれませんが、**誰かの困りごとを解決するというのは一つのヒントになるかもしれません。**

また、近くの友人や家族とのちょっとした会話も大きなヒントになることが多いです。私の夫はインターネットに弱くて、SNSのことは全然わからないんですけど、「ユニクロのオシャレ投稿ってよく見るけど、ダサくなっちゃうことも多いよね。それって比較できないの？」という何気ない一言から生まれたのが"おばコーデ比較"です。おばコーデとはおばさんっぽくなってしまうコーディネートの略です笑。

夫は「やってみたら」と簡単に言うのですが、私は大きな抵抗がありました。せっかくオシャレのことを知りたくて見に来ているのに、ダサいコーディネートを載せたらフォロワーさんが大きく減ってしまうんじゃないかと思ったからです。

とはいえ、せっかくの提案だったので勇気を出して投稿してみたら、私の予想に反して大きくバズりました。大好評だったんです。実はフォロワーのみなさんもユニクロの洋服を買ったはいいものの、「なんとなく組み合わせがうまくいかない」「私の体型だとおばさん感が強くなってしまう」って思ってた人も多かったらしく、洋服の合わせ方次第でここまで印象が変わるのかという好意的なコメントをたくさんいただけました。またやって欲しいというありがたい要望もあったので、現在は私のInstagramの人気シリーズの一つになっています。

私に求められているのはキラキラしたモデルのような投稿ではなく、一般的な（身長は小柄ですが）主婦でも工夫次第でオシャレにできるという生活に密着した内容が共感を生んでいるのだと思います。

—— 他にもフォロワーを増やすための工夫はありますか？

背が小さいことをコンプレックスに思う人、悩んでる人もいらっしゃいます。店頭で良いと思って服を買って、自宅の鏡で自分の姿を見てみると全然イメージと違っていて、段々とファッションを楽しむことが嫌になってくる時期もありました。

その気持ちがわかってくれる人がいる、悩み事はみんな同じと共感してくれるのって本当に嬉しいんですよ。ですからコメントには必ず返信していますし（見逃していて返信できてない方がいらっしゃったらごめんなさい！）、**一方的な発信だけでなくフォロワーさんとの交流を楽しもうという意識で投稿しています。**

一昔前は写真とキャプションとハッシュタグに気をつけて投稿していましたが、今では**写真自体にも文字を入れて、キャプションを読まなくても画像だけで理解できるような加工も心がけています。**

文章の挿入はInstagramのアプリからでも可能ですが、私は主にCanvaというオンラインツールを使って加工しています。
（https://www.canva.com/ja_jp/ ）

Canvaの中で**Instagram用のテンプレート**を作っておいて、撮影した写真に一定の
ルールで文章を追加していくスタイルですね。

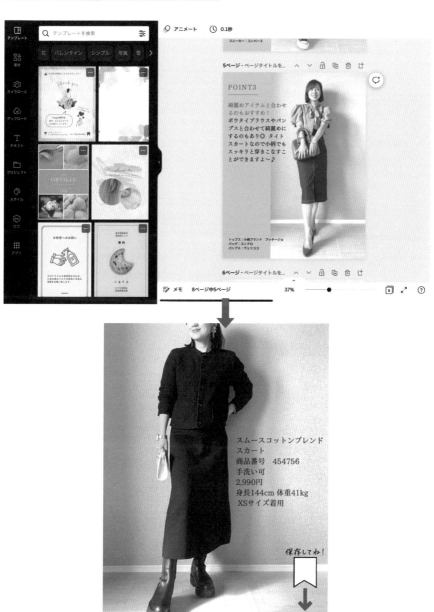

例えばこの写真ですと、商品名や商品番号、価格、モデルの体型を必ず入れるようにしています。店員さんに話を聞きたいときや商品検索するとき、商品番号がわかっていると楽なんですよね。

　さらに私の投稿を保存してもらえるよう、右下に「保存してね！」という文言を入れています。

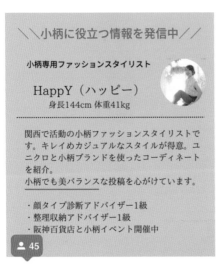

＼＼小柄に役立つ情報を発信中／／

小柄専用ファッションスタイリスト

HappY（ハッピー）
身長144cm 体重41kg

関西で活動の小柄ファッションスタイリストです。キレイめカジュアルなスタイルが得意。ユニクロと小柄ブランドを使ったコーディネートを紹介。
小柄でも美バランスな投稿を心がけています。

・顔タイプ診断アドバイザー1級
・整理収納アドバイザー1級
・阪神百貨店と小柄イベント開催中

👤 45

←フォローはここをタップ

　また、**投稿の最後の写真は決まって私のプロフィールにしています。** 投稿を見てくれた人がわざわざ私のプロフィールの文章を読みに来てくれるとは限らないので、写真として入れてしまう形ですね。

　テンプレートを作っておくことで、写真を撮影したらその型に合わせて加工するだけで、投稿に使える画像が完成します。加工する枚数が多くなればなるほど作業時間は増えてきますが、型を決めておくことで記載内容に悩むことも、都度都度手打ちする手間も減りますので、その分時間の短縮になります。

　評判が良かった投稿が一つ出てきたら一つ型を作ることを繰り返して、今に至っています。型が増える度に時短に繋がるのでオススメです。Instagramの投稿以外にも家事や育児がありますので、時間はいくらあっても足りないんですよ。

―― 私も常に時間が足りないと思っているのですが、忙しい人が継続して投稿できるコツはありますか？

　できるだけ頻繁な投稿を心がけてはいるのですが、どうしても忙しくてしっかりとした投稿ができない時期もあります。その場合はストーリー機能を使って、ここのランチ美味しかったとか、梅田スカイビルの空中庭園に遊びに来たとか、生活のちょっとしたことを発信しています。ファッションの投稿では表現しづらい私の人間性が伝わればいい、イメージとしては「しばらくメインの投稿していないけど忘れないでね」ぐらいの熱量です笑。**ストーリー機能は24時間で投稿が消えるので、メインコンテンツの邪魔になりづらいんです。**

ストーリー機能を使ってフォロワーさんの質問に返答することもあります。質問はコメントで来るときもありますし、ダイレクトメッセージで来ることもあるんですが、気になること、悩んでいることってみんな一緒だったりするんですよ。ですから**質問者に了解を得た上で、情報の共有目的でストーリー機能を使って返答する形を取っています。**

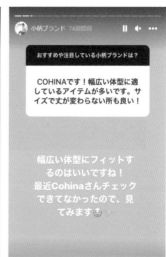

　なにかしらのアクションを起こしても無反応だと寂しい気持ちになりますよね。無視されると自分って大切にされてないのかなと思ってしまう人もいます。私は（そもそもコミュニケーションを取るのが好きな性格なのもありますが）1人1人大切なんだよ！ということを伝えるために、コメントやダイレクトメッセージには必ず反応しますし、フォロワーさんからも「この人は書き込めばリアクションしてくれる」と思ってもらえればコメント欄も活性化します。

　不思議なことに、投稿本体で足りていなかった情報がコメント欄で補完されていることもあります。そうなると私も勉強になりますし、見に来てくれた人も多くの情報を得ることができるので、みんなが得をしている気になります。

―― Instagramはプロフィールを見てもらうことが大切と聞いたことがありますが、HappYさんも意識されていますか？

　もちろん、プロフィールの内容には注意を払っています。

　Instagramのプロフィールは、「自分の身長」「私がどのような発信をしているか」をシンプルに載せています。要は、「身長144cmの女性が、ユニクロを中心とした小柄女性に似

合うコーディネートで、オシャレに見せるコツを発信しています」ということがわかる内容です。

アプリでプロフィールを見ると、アカウント名とプロフィール文の最初の3行程度しか表示されません。「続きを読む」という箇所をタップすると全文読めるのですが、本当に興味がある人のプロフィールじゃないとまじまじと読まないですよね笑。ですから私は**最初の方に一番伝えたいことをコンパクトにまとめています。**

—— 最近はリールが人気ですが、投稿のコツはありますか？

Instagramの投稿を眺めていると、リールの使い方も人それぞれなので、あくまでも私の使い方なんですが、**選曲とリズム感と物語性の3つを意識しています。**

選曲についてはシンプルに考えていて、ショート動画の内容に合わせた選曲をすることで、映像や言葉が頭の中にスッと入ってくるんじゃないかと思っています。気持ちを盛り上げていく内容であればアクティブな曲を、ゆっくり見てもらいたい投稿であればバラード調の曲を選ぶということですね。

リズム感については2～3秒の短い動画を組み合わせて、**飽きさせないような構成に注意しています。**リールは最長90秒までの長さが選択できるのですが、私は長くても30秒程度です。秒数に関しては取り扱っているジャンルにもよって変わると思いますが、私のようなファッション系は「10秒で完成するマフラーの巻き方」とか、「ユニクロの全力推し商品」のように1テーマを短尺でまとめています。例えば英語の勉強方法などのジャンルを投稿している人は、説明に時間がかかるので90秒フルに使っても良いかもしれません。

最後に物語性ですが、例えば…

❶ 買ってきた洋服を自宅で来てみたらお店で見たほど似合わなくてため息をついているシーン
❷ クローゼットからいろいろな服を取り出しているシーン
❸ 取り出した洋服を組み合わせてるシーン
❹ なにか思いついたシーン（電球マークを入れてみたり）
❺ 完成

　という、場面と場面を繋いでいくことで、印象に残りやすくなるので時々チャレンジしています。**動画の場合はオーバーリアクションの方がエンタメ性も高くなるので、演技が好き、得意な人は取り組んでみると良いかと思います。**

―― 撮影はお一人でやられているのでしょうか？

　撮影も編集も一人でやってます。私が短尺動画を好むのは、2〜3秒の動画を組み合わせる方が撮影も編集も楽だからという要素が大きいです。

　基本的に**撮影は日中の明るい時間帯におこないます。**これは動画も写真も一緒ですね。

　自然光って本当に明るくて、夜に室内灯で撮影した場合と大きな差が出ます。暗い場所で撮影した素材を鮮やかに明るくするのって本当に大変なんですよ。ですから、編集の手間を減らすためにもとにかく明るい時間帯に撮影するということを第一に考えています。

そして撮影のためのグッズを用意しておくことも大切です。基本的に撮影はスマートフォンなのですが、**定点で撮影するための三脚と、あとシャッターリモコンもあると便利です。**意外と再生ボタンを押しに三脚まで移動するのも時間がかかるんです。

手元にシャッターリモコンがあれば、「再生ボタンを押す→ポーズを取る→録画停止ボタンを押す」の手順で効率的に撮影が可能です。私の場合、洋服を着替えて撮影することも多いので、すぐに着替えられるように順番に置いてあります。

洋服などの大きめのサイズを撮影する際に使う発泡スチロールのシートや、小物撮影用のカラーシートもあると便利です。

一つのリールには大体10カットぐらい使っているのですが、10回の撮影で終わることはありません。**同じカットを何回か撮影して、一番良かったものを使います。**ですので、一つのリールを作るのに、平均30個ぐらいの動画を撮影します。

普通の投稿でも1枚の撮影でバッチリ決まることはほとんどありません。何枚も撮影して、その中で一番いいものを使っています。

—— 最近はリールに力を入れてるんですか？

一点、検証中のことがあって、**リールでの視聴回数が多いからと言って、フォロワー数に直結するかというと、意外とそうでもない気がしています。**実は私もそうなのですが、リールで面白い動画がアップされると確かに見るのですが、**フォローする人は普通の投稿で役に立つ情報を提供してくれる発信者です。**知りたいキーワードで検索する、あるいは「発見タブ」に載っている投稿からフォローすることが多いです。

▲発見タブ

発見タブに載せるためにはいろいろなセオリーがあるようなのですが、**私が注力しているのは「保存」してもらう投稿を増やすという点です**。商品番号を載せたり、「保存してね」というイラストを入れたりするのはその一環です。

ですから**一般の投稿、リールどちらに偏ることなく、同じような頻度で投稿しています。**

なお、私は時間がなくて手をつけていないのですが、Instagramのリール以外に、TikTokやYouTubeなど、他にもショート動画を投稿できるSNSもあります。Instagramのリール用に作成した動画を他のプラットフォームに載せることも可能で、SNSによって違った層の視聴者に情報を届けることもできるので、いずれチャレンジしてみたいと思っています。

――― これからInstagramを始めてみたい読者に向けてアドバイスをお願いします

Instagramは新しい仲間やお仕事を増やすことができるツールだと思っています。もちろん、いきなりフォロワーが増えたり、企業からコラボレーションの打診があったりするわけではありません。

でも自分の得意分野で、見てくれる人の役に立つ情報を、困っている人の手助けになる情報をコツコツと発信し続けることで、次第に見てもらえやすい投稿のコツを覚えたり、画像加工の方法を身につけたり、従来の生活では手に入れられなかった学びや経験を得ることもできます。

発信することで同じ悩みを抱えていた人が集まり、私の知らなかったことをコメント欄で教えてくれることもあります。知識やスキルが増えれば、それをネタにして新しい投稿をすることもできます。

　インスタグラマーというと収入やインフルエンサーというイメージに直結しがちですが、もっと手前にある「感謝のコメント」をいただくことだって、立派な成果です。フォロワーさんと仲良くなって、旅先で直接会ってお話することもできます。40代になって新しい友達ができるって素晴らしいことだと思いませんか？

　ありがたいことに最近は企業からタイアップの打診もいただけることが増えてきたのですが、個人的には単にSNSで紹介して謝礼をいただく形は積極的にお受けしていません。私としては単発のPR案件よりも、メーカーの担当者と一緒になってイベントを企画したり、商品の改善をおこなったりすることの方が好きなので、長くお付き合いができる仕事の取り組み方をしています。

▲ 小柄向けアウトレットセールの状況

　直近では小柄ファッションブランドが百貨店で展示会を開催するお手伝いをさせていただいたり、おそらく日本初の「小柄向けアウトレットセール」開催のPRサポートを担当したり、Sサイズ向けのファッションセミナーの講師をさせていただいたりと、個人では到底できないような経験もさせていただくことができました。

　もちろん性格は人それぞれ違うので、「人前に出るのが苦手だから、ネット上のタイアップだけで完結したい」と思っている人もいるでしょう。それはそれで自分の得意分野を活かして仕事を選ぶことができることもInstagramの自由度の高さだと思います。

「今からInstagramを始めても遅いよね」と感じている人も少なからずいらっしゃると思いますが、私はそんなことな

いと考えています。それよりもまずアカウントを開設して、最初の投稿をしてみてください。おそらくほとんど反応はないでしょう。でも重要な最初の第一歩です。

　何度も言いますが、私のような一般人でもコツコツと発信を続けることで、3万人を超えるフォロワーさんに応援してもらえるようになりました。しかしながら、最初はもちろん誰も投稿を見てくれる人はいませんでしたし、このような参考書もありませんでした。

　今は多くの人たちが惜しげもなくノウハウを発信しているので、自分自身で学ぶことも容易になりました。後から始めた人が先輩を追い抜いていくことも珍しくありません。ぜひ交流を楽しみながら、ご自身の好きなことを投稿してみてください。

　このインタビューがみなさまにとって、小さな勇気と第一歩のきっかけになれば、これほど嬉しいことはありません。初投稿された際にはぜひご連絡ください。

用語索引

さ行

た行

な行

は行

ま行

や行

ら行

目的別索引

た行

は行

ま行

や行

ら行

■著者

八木 重和（やぎ　しげかず）

テクニカルライター。学生時代からパソコンや当時まだ黎明期のインターネットに触れる機会を持ち、一度サラリーマンになるもおよそ2年で独立。以降、メールやWeb、セキュリティ、モバイル関連など幅広い執筆活動を行う。同時にカメラマン活動やドローン空撮、メディア制作等にも本格的に取り組む。

■イラスト・カバーデザイン

高橋 康明

Instagram完全マニュアル[第2版]

発行日	2023年　3月15日	第1版第1刷
	2024年　8月30日	第1版第5刷

著　者　八木　重和

発行者　斉藤　和邦

発行所　株式会社　秀和システム
　　　　〒135-0016
　　　　東京都江東区東陽2-4-2　新宮ビル2F
　　　　Tel 03-6264-3105（販売）Fax 03-6264-3094

印刷所　三松堂印刷株式会社　　　　Printed in Japan

ISBN978-4-7980-6910-4 C3055